하비가 들려주는 혈액 순환 이야기

하비가 들려주는 혈액 순환 이야기

ⓒ 손선영, 2010

초 판 1쇄 발행일 | 2006년 6월 23일
개정판 1쇄 발행일 | 2010년 9월 1일
개정판 12쇄 발행일 | 2021년 5월 28일

지은이 | 손선영
펴낸이 | 정은영
펴낸곳 | (주)자음과모음

출판등록 | 2001년 11월 28일 제2001-000259호
주   소 | 04047 서울시 마포구 양화로6길 49
전   화 | 편집부 (02)324-2347, 경영지원부 (02)325-6047
팩   스 | 편집부 (02)324-2348, 경영지원부 (02)2648-1311
e-mail | jamoteen@jamobook.com

ISBN 978-89-544-2093-8 (44400)

하비가 들려주는

혈액 순환
이야기

| 손선영 지음 |

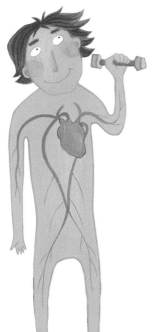

|주|자음과모음

하비를 꿈꾸는 청소년을 위한
'혈액 순환' 이야기

과학의 어떤 이론도 어느 날 갑자기 나타나지는 않습니다. 새로운 과학 이론이 나오기 위해서는 현미경처럼 실험에 꼭 필요한 새로운 도구와 기술적 발전이 필요하며, 그 시대에 과학적 사실로 받아들여지고 있는 이론에 대한 계속적인 확인과 연구도 필요합니다. 더불어 자신이 알고 있는 기존의 지식과 다른 결과가 나왔을 때 그 원인을 파헤치는 실험 정신도 중요합니다.

과학자이자 의학자인 하비는 과학적 사실을 밝히고 증명하기 위해 세밀한 관찰과 실험을 고안하고 실행했습니다. 심지어 자신의 팔목을 묶어서 혈액 순환을 증명하기도 했지요.

하비는 그런 어려움을 감수하면서까지 혈액 순환 이론을 주장하지 않더라도 충분히 편안하게 살 수 있는 인정받는 의사였습니다. 그러나 하비는 편안한 삶보다는 과학적 사실이 증명되는 과정에서 더 큰 만족을 느꼈던 것입니다.

　자신의 연구에 대해 친구에게 전달한, 하비의 다음 말을 통해 과학적 연구와 실험의 보람을 깨달을 수 있기 바랍니다.

　"내가《동물의 심장과 혈액의 운동에 관한 해부학적 연구》를 출간한 후 주변 사람들은 나를 미쳤다고 생각했다. 모든 의사들이 나의 생각에 반대했지만 틀린 점을 발견하지 못한 의사들은 나를 질투한 나머지 과학적 주장과는 관계없는 비난을 하기도 했다. 그러나 20~30년이 지나자 마침내 전 세계의 대학들이 내 의견을 받아들이기 시작했다. 나는 아마도 살아생전에 자신이 주장한 원리가 세상에 받아들여지는 것을 본 거의 유일한 사람일 것이다."

손 선 영

차례

두근두근 **심장 해부** 시간

돼지 심장을 실제로 해부하는 과정을 통해 심장의 구조를 알아봅시다.

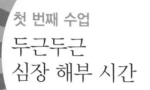

첫 번째 수업

두근두근
심장 해부 시간

하비의 첫 번째 수업은
실험실에서 시작되었다.

어디선가 이상한 냄새가 나지요? 오늘은 여러분과 아주 특별한 실험을 할 예정입니다. 여러분이 너무 놀라고 기분 나빠할까 봐 실험 준비물은 맨 뒤의 책상에 따로 두었습니다.

한 학생이 얼굴을 찌푸리며 말했다.

__냄새가 너무 역겨워서 토할 것 같아요. 도대체 무슨 준비물인데 이렇게 냄새가 이상한가요?
__저도 못 참겠어요.

하비가 웃으며 대답했다.

오늘은 여러분과 함께 심장을 해부해 보려고 해요. 실험을 하다 보면 가끔 이상한 냄새가 나기도 하고 실험 과정이 너무 복잡해서 그만두고 싶을 때도 있어요.

일반적으로 실험이라고 하면 깨끗하고 멋있는 실험실 가운을 떠올리지만 오히려 대부분의 실험은 위험하고, 쉽게 지저분해지며, 몸에 안 좋은 약품을 써야 할 때도 있습니다.

오늘의 심장 해부는 여러분 모두가 해야 하는 것은 아니고 하고 싶지 않은 사람은 다른 친구들이 해부하는 모습을 지켜보기만 해도 상관없어요. 심장 해부를 자기 손으로 직접 해 보고 싶은 친구들은 앞에 놓여 있는 해부용 가위와 칼을 조심스럽게 다루어야 해요. 해부용이니만큼 아주 날카롭고 위험하기 때문입니다.

＿심장은 누구 거예요? 심장을 어떻게 구할 수 있었나요? 죽은 사람한테서 빼 온 건가요?

그 말을 들은 학생들이 웅성거렸다.

＿설마 사람 심장은 아니겠지?

　　__우리 모두가 실험할 수 있을 만큼 많은 심장을 어디서 구했을까?

하비가 불안해하는 학생들을 보며 빙그레 웃으며 말했다.

　　오늘 해부할 예정인 심장은 당연히 사람의 심장은 아니에요. 사람의 심장과 그 크기가 제일 비슷하다고 하는 돼지의 심장입니다. 하지만 실제 돼지의 심장은 사람의 심장보다 조금 큰 편입니다. 따라서 조금 있다 해부용 심장을 나누어 주면 사람의 심장은 그보다 약간 작다고 생각하면 될 겁니다.
　　살아 있는 상태의 심장이라면 물론 더 정확한 실험이 되겠지만 이 교실에서는 살아 있는 상태의 돼지를 해부할 수는 없을 것 같네요.

음, 여러분이 오늘 실험을 아주 훌륭하게 해낸다면 다음에는 살아 있는 상태에서 심장이 움직이는 모습을 관찰하는 실험을 할 수도 있어요.

— 선생님! 빨리 해부해요. 너무 재미있을 것 같아요.

오늘 실험은 해부가 목적이 아닙니다. 해부는 심장의 구조를 자세히 알기 위한 방법일 뿐이죠. 나는 사실 여러분과 해부 실험을 할 때마다 이렇게 직접 해야 하나 말아야 하나 망설이게 돼요. 여러분이 생물의 몸에 칼을 댈 수 있다는 것에 흥분하고 더 잔인해지도록 만드는 게 아닌지 무척 고민스럽기 때문이에요.

지금 책상에서 해부되는 심장은 여러분의 심장, 부모님의 심장, 친구들의 심장과 크게 다르지 않아요. 그러니까 해부를 할 때에는 제발 칼이나 가위로 마구 자르지 말고 조심해서 다루어 주세요.

어떻게 해부해야 하는지 친구와 의논하고, 단지 해부만 열심히 하면 되는 것이 아니라 여러분이 관찰한 구조들을 자세히 기록하는 것이 더 중요합니다. 여러분이 제대로 관찰하지 않고 엉망으로 칼질만 해 놓는다면 다시는 해부 실험을 하지 않을 거예요.

그럼 지금부터 내 질문에 대답하는 친구들부터 해부용 심장을 나누어 주겠어요. 대답을 잘못하거나 집중하지 않으면 오늘 심장 해부 시간에 참여할 수 없으니 잘 들어 주세요.

하비가 학생들에게 질문을 시작했다.

여러분에게도 심장이 있다는 것을 어떻게 알 수 있나요? 먼저 얘기하는 친구에게 실험 재료를 나누어 주겠습니다.

학생들이 너도나도 손을 들어 대답하기 시작했다.

__가슴에 손을 대면 심장이 뛰는 것을 느낄 수 있어요.
__가슴에 귀를 대면 심장 뛰는 소리가 들려요.
__가슴 말고 손목이나 목에 손을 대고 가만히 있어도 심장이 뛰는 것을 느낄 수 있어요.

학생들이 적극적으로 대답하자 하비는 흐뭇해하며 웃었다.

네, 모두 잘 대답해 주었어요. 여러분 책상에 심장이 든 해부 접시를 하나씩 나누어 줄 테니 심장의 겉모습부터 먼저 관찰하고 발표해 봅시다.

하비와 그의 학생들은 교실 뒤에 준비해 둔 심장이 담긴 해부 접시를 하나씩 책상 위로 가져다 놓았다.

내 책상 위에는 저울이 하나 놓여 있어요. 이 돼지 심장의 무게가 얼마나 되는지 측정해 보겠습니다. 음, 약 400g 정도 되네요. 보통 어른들의 심장 무게가 약 300g이니까 사람의 심장보다는 조금 크네요. 여러분은 나보다 어리고 아직 자라는 중이니까 심장 무게도 조금 더 가볍겠죠.

아까 여러분이 말한 것처럼 가슴에 손을 대면 심장이 움직이는 것을 느낄 수 있답니다. 심장은 가슴 한가운데 있지 않고 약간 왼쪽에 있어요. 우리가 조회를 할 때 애국가가 울리면 손을 얹는 곳이 바로 심장의 위치입니다. 사실 여러분은 이번 해부 실습을 통해 심장을 생전 처음 본다고 생각하고 있겠지만 여러분 중 일부는 심장을 먹어 본 적도 있답니다.

학생들이 비명을 질렀다.

__ 네? 정말요?

네, 여러분은 순대를 먹어 본 적이 있을 거예요. 가끔 가게 아주머니께서 간이나 허파, 염통을 먹겠냐며 여러분에게 물어보신 적이 있지 않나요? 그때 염통이라고 하는 것이 바로 심장의 다른 이름입니다. 여러분 중에 염통을 먹어 본 경험이 있는 사람은 맛이 어떤지 얘기해 주겠어요?

__쫄깃쫄깃하고 맛있어요.

__그냥 다른 부분의 고기 같아요. 전 순대보다 염통이 맛있던데요.

심장은 생물이 살아 있는 동안 평생 움직여야 하기 때문에 아주 튼튼한 근육을 갖고 있어요. 그래서 먹어 보면 아주 쫄깃하지요. 간이나 허파는 근육이 발달되어 있지 않아서 씹어 보면 약간 퍽퍽한 느낌이 나지만, 심장은 두꺼운 근육이 발달되어 있어서 마치 일반적인 고기를 먹는 것과 비슷해요.

자, 이제 여러분 앞에 놓인 심장을 한번 자세히 살펴볼까요? 손으로 심장 표면을 만져 보세요. 이번엔 손가락으로 표면을 한번 쿡 눌러 보세요. 느낌이 어떤가요? 아주 탄력 있고 두툼한 근육을 느낄 수 있을 거예요. 마치 역도 선수의 알통처럼 단단하고 탄탄한 느낌이죠.

우리가 살아 있는 동안 쉴 새 없이 움직여야 하는 만큼 아주 튼튼하고 강해야 합니다. 어떻게 생각하면 사람이 늙는다는 것은 심장이 힘을 잃고 탄력을 잃어 가는 과정일지도 모릅니다. 그래서 나는 심장이야말로 생명의 출발점이라고 생각합니다.

태양이 세상을 움직이는 에너지를 공급하는 것처럼 심장은 인간이 움직이기 위해 필요한 모든 것을 줍니다. 혈액을 이동시키고, 영양소를 나르며, 혈액이 썩거나 뭉치지 않도록 하는 것은 모두 심장의 역할이죠. 빨간 심장 위로 핏줄 같은 큰 관이 나와 있죠? 그 관들을 우리는 혈관이라고 부르는데, 그중에서도 두꺼운 혈관들을 우리는 동맥, 정맥이라고 불러요. 동맥과 정맥은 우리 몸의 혈관 중에서 심장과 연결된 가장 굵은 혈관 중 하나죠. 심장을 해부하기 전에 먼저 해부 가위로 동맥과 정맥을 살짝 잘라 보세요.

한 학생이 얼른 가위를 들어 자르다가 말했다.

__ 잘 잘라지지 않아요.
__ 어? 난 잘 잘라지는데? 넌 왜 안 잘려?

심장과 연결된 혈관들은 모두 굵고 탄력이 있지만 그중에서도 동맥은 유난히 질기고 혈관 벽이 두꺼워서 잘 잘리지 않아요. 정맥도 마찬가지이지만 동맥보다는 탄력이 적어 해부

가위로 자르면 그런 대로 잘 잘리는 편이죠. 아마 한 학생은 동맥을 자르고, 한 학생은 정맥을 자르고 있었던 것 같네요.

__왜 동맥이 더 자르기 힘든가요?

동맥은 심장이 수축하면서 움직일 때 심장에서부터 밀려 나오는 혈액이 흐르는 관입니다. 심장의 수축은 아주 강력하고 그때 혈관이 받게 되는 압력은 아주 높아요. 압력이 높기 때문에 우리는 그 압력을 피부 밖에서도 느낄 수 있는데, 그게 바로 맥박이랍니다.

온몸으로 멀리까지 피를 보내는 그 강한 압력을 이겨 내기 위해서 동맥은 굵고 탄력이 강한 두꺼운 근육층으로 되어 있답니다. 또 혈관의 겉면은 무언가 달라붙지 않고 잘 흐르도록 질긴 막으로 감싸여 있어요. 따라서 가위로 자르려고 하면 미끄러지지 않도록 동맥을 꼭 잡고 여러 번 같은 부위를 계속 잘라야만 겨우 잘라진답니다.

심장과 연결된 동맥과 정맥을 구별하려면 굵기를 살펴보는 것보다는 혈관 벽의 두께를 살펴보거나 잘라 보는 편이 더 쉽습니다.

__그럼 정맥은 동맥과 어떻게 다른가요?

심장에서 밖으로 나가는 혈액이 흐르는 혈관이 동맥이고, 온몸을 돌고 난 혈액이 심장으로 들어오는 혈관은 정맥입니다. 온몸을 이미 돌고 난 후의 혈액이기 때문에 압력이 아주 낮아서 정맥에서는 동맥에서와 같은 맥박을 느낄 수 없어요.

동맥은 압력이 높은 만큼 위험하기 때문에 피부 깊숙한 곳에 있지만, 정맥은 몸의 표면 쪽으로 많이 퍼져 있어서 쉽게 관찰할 수 있어요. 여러분의 손등이나 발등에 보면 푸르게 보이는 선이 있죠? 그 혈관이 바로 정맥이에요.

정맥은 동맥보다 혈액의 압력(혈압)이 많이 낮아요. 만약 주삿바늘을 동맥에 꽂았다면 동맥의 강한 혈압에 의해 피가 많이 나와 위험할 수 있어요. 나도 지난번에 혈액형 판정 실험을 한다고 손가락 끝을 찔렀는데, 너무 깊이 찔러 손가락 끝의 소동맥을 건드렸는지 피가 계속 멈추지 않았던 적이 있었어요.

그러나 정맥은 몸 표면과 안쪽으로 여러 길이 있는 데다가

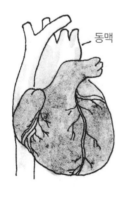
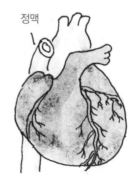

동맥   정맥

압력이 낮아 피가 그렇게 많이 나오지 않아서 위험하지 않으니 걱정하지 않아도 됩니다.

__그럼, 우리 손가락 끝에 있는 혈관도 모두 동맥과 정맥으로 나눌 수 있나요?

손가락 끝에 있는 혈관의 대부분은 모세 혈관이라고 부릅니다. 동맥에서 나온 혈액이 포함하고 있는 산소와 영양소를 우리 몸의 세포 속에 나르기 위해서는 좀 더 얇고 압력이 낮으며 넓은 면적의 혈관이 필요해요.

동맥과 정맥이 고속도로와 국도라면 모세 혈관은 우리 집 앞까지 오는 골목길이라고 생각할 수 있습니다. 모세 혈관을 실핏줄이라고 부르기도 하는데, 실보다 더 얇고 가는 혈관이기 때문이랍니다.

모세 혈관은 동맥과 정맥을 연결하는 혈관으로, 우리 몸 구석구석에 분포돼 있습니다. 모세 혈관의 벽은 한 층의 얇은 세포로 되어 있기 때문에 주변의 조직 세포와 혈액 사이에서 직접 산소와 이산화탄소, 영양분과 노폐물을 교환할 수 있어요.

모세 혈관은 아주 가늘지만 길이는 동맥이나 정맥보다 훨씬 더 길고, 총 단면적도 넓어 혈액이 천천히 흐릅니다. 따라서 세포와 조직이 필요로 하는 물질을 받아들이고 내놓는 데 아주 효율적입니다.

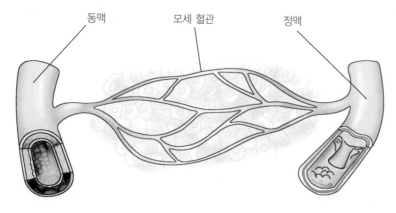

동맥　　　　　모세 혈관　　　　정맥

　　손가락 끝을 바늘로 찌르면 약간의 피가 나온 후 금세 멈추
듯이 모세 혈관은 매우 약하지만 혈압도 낮아서 피가 많이 나
지 않고, 얇은 만큼 빨리 회복되는 특징이 있답니다. 물론 손
가락 끝에도 작은 동맥과 정맥이 있지만, 우리가 다쳤을 때
피가 나는 곳은 대부분 몸 표면의 모세 혈관 쪽인 경우가 많
답니다.

　　한 학생이 조급한 표정으로 손을 들고 말했다.

　__심장 해부는 언제 하나요?
　　네, 앞에서 심장의 겉모습과 혈관을 살펴보았으니 이제부
터 심장 내부의 모습을 살펴봅시다. 아까도 얘기했지만 심장

의 근육은 아주 질기니까 너무 서두르면 여러분의 손이 베일 수 있어요. 혈관과 연결된 부분에 조심해서 해부용 가위를 넣고 손으로 살짝 든 다음 잘라 주세요.

내부를 다 잘랐으면 넓게 펼쳐 놓아 보세요. 자세히 살펴보면 심장 내부가 몇 군데의 구역으로 나뉘어 있다는 것을 알 수 있을 겁니다.

몇 개의 구역으로 나뉘어 있는지 확인해 주세요.

__2개의 구역으로 나뉘어 있어요.

__아니에요, 4개의 구역으로 나뉘어 있어요.

얇은 끈 같은 막으로 나뉘어 있는 곳도 하나의 경계입니다. 그곳을 경계로 하면 총 4개의 구역으로 나뉘어 있다고 볼 수 있어요.

심장의 모습은 마치 나란히 붙어 있는 이층 양옥집 같이 생겼습니다. 위에 있는 방 2개는 좀 작고 아래에 있는 방 2개는

좀 크지요. 나란히 붙어 있더라도 중간에는 튼튼한 벽이 있어서 서로 피가 섞이지는 않습니다.

유난히 살이 두꺼워서 자르기 어려운 부분이 있었나요? 살이 가장 두껍고 근육이 발달된 곳으로, 심장 아랫부분에 있는 방을 우리는 좌심실이라고 부릅니다.

좌심실은 우리 몸 곳곳에 피를 보내는 대동맥과 연결되어 아주 강력한 수축 운동을 하므로 근육이 특히 발달되어 있죠. 좌심실만큼은 아니더라도 허파(폐)까지 피를 보내야 하는 우심실 벽도 두툼하기는 마찬가지입니다. 하지만 좌심실 벽과는 비교가 되지 않죠.

심장 아래쪽에 있는 2개의 방은 각각 온몸과 허파로 혈액을 내보내는 동맥입니다. 그리고 심장의 윗부분에 있는 2개의 방은 각각 온몸과 허파로부터 혈액을 받아들이는 정맥입니다.

심장의 내부 구조에 각각 이름표를 달아 볼까요? 여러분이 이름을 붙여야 하는 곳은 총 8군데가 있습니다. 먼저 두툼한 근육 벽을 찾아 그 옆에 좌심실이라는 이름표를 붙이고 맞은편에는 우심실을, 좌심실 위에는 좌심방을, 우심실 위에는 우심방이라는 이름표를 붙여 주세요. 좌심실과 연결된 혈관을 찾아 대동맥이라는 이름표를 붙이고 우심방과 연결된 혈

과학자의 비밀노트

허파(lung, 폐)
허파는 양서류 이상의 척추동물에게 있는 호흡 기관으로 '폐'라고도 한다. 사람의 허파는 좌우에 1쌍이 있다. 허파는 공기 중의 산소를 얻어 혈액에 공급해 주고, 혈액이 운반한 이산화탄소를 몸 밖으로 내보내는 기능을 한다. 이를 가스 교환이라고 부르며, 포도송이 모양의 작은 공기주머니인 허파 꽈리(폐포)에서 이루어진다.

관에는 대정맥이라는 이름표를 붙여 주세요. 마찬가지로 우심실과 연결된 혈관을 찾아 허파 동맥(폐동맥)이라는 이름표를 붙이고 좌심방과 연결된 혈관에는 허파 정맥(폐정맥)이라고 붙이면 됩니다. 무엇이 무엇인지 찾기 어려운 친구는 사진을 참고로 해도 좋습니다.

__ 중간에 있는 실 같은 건 뭐예요?

자세히 보면 실이라기보다는 질긴 막이나 근육이라는 것을 확인할 수 있을 겁니다. 우리는 그러한 구조를 판막이라고 하는데, 어디어디에 있는지 한번 찾아보세요.

__ 심실에서 동맥으로 나가는 곳에도 판막이 있고, 심방에서 심실로 이어지는 곳에도 판막이 있어요.

심장을 해부하면 누구라도 판막을 발견할 수 있지만 사실 많은 과학자들이 판막의 역할에 대해서는 잘 모르고 있었어

요. 심장의 판막이라는 구조를 자세히 기록하고 그 역할에 대해 설명하고자 한 분이 바로 나의 파도바 대학 스승님이신 파브리키우스(Geronimo Fabricius, 1537~1619)죠.

나는 판막이야말로 혈액이 순환한다는 가장 큰 증거라고 생각했습니다. 판막의 구조를 살펴보면 한쪽 방향으로는 벌어져 있어 반대 방향으로는 진행하기 힘든 구조를 갖고 있어요.

즉, 피가 반대 방향으로 들어오는 것을 막고 있는 거죠. 고무로 된 펌프를 손으로 쥐었다 폈다를 반복해 보면, 실제로 손으로 펌프를 쥐었을 때는 공기가 밖으로 나가지만 손을 펴서 힘을 빼면 공기가 다시 펌프로 돌아오는 것과 마찬가지입니다.

고무 펌프를 심장이라고 생각하고 공기를 혈액이라고 한다면 심장에서 동맥을 통해 온몸으로 나간 피가 다시 심장으로 돌아오는 일이 생길 수 있습니다.

심장이 수축하는 힘은 엄청나게 강한데 실제로 그렇게 강한 수축으로 인해 피가 밖으로 나간 다음에 수축이 사라지면 피가 원래 자리로 돌아오는 일이 생길 수 있습니다. 그런 일이 우리 몸에서 생기지 않도록 하는 것이 바로 판막으로, 좌심실에서 수축이 일어나 혈액이 동맥으로 나갈 때에는 판막이 열리지만 수축 이후에 좌심실 근육이 이완됐을 때에는 판막이 닫히는 구조를 가지고 있지요.

자세히 관찰하면 판막의 모양도 각각의 위치에 따라 다른데, 우심방과 우심실 사이의 판막은 세 부분으로 나뉘어 있어서 삼첨판이라고 부르고, 좌심방과 좌심실 사이의 판막은 두 부분으로 나뉘어 있어 이첨판(승모판)이라고 부릅니다. 심

과학자의 비밀노트

파브리키우스

이탈리아의 해부학자로 파도바 대학에서 의학을 공부한 후, 1565년에 해부학 교수가 되었다. 파도바 대학에 현재도 보존되고 있는 해부학 강당은 그 자신이 비용을 들여서 세운 것이다. 정맥 판막에 대하여 연구하였으며, 비교 발생학에 관해서 연구 업적을 남겼다. 저서로 《태아 형성에 관한 연구》(1600), 《정맥의 판막에 관한 연구》(1603) 등이 있다.

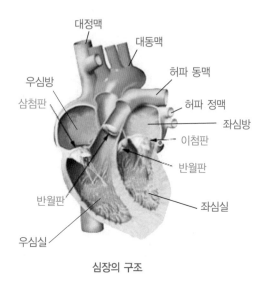

심장의 구조

실과 동맥 사이의 판막은 잘려진 달 조각 같아서 반월판이라 부르며 2개가 있습니다.

이렇게 심장에 존재하는 총 4개의 판막 때문에 심장으로 들어온 혈액은 심방에서 심실을 거쳐 한쪽 방향으로만 흐르게 되는 겁니다.

한 학생이 고개를 갸우뚱하며 손을 들어 질문했다.

__좌심실이 좌심방보다 혈압이 높다고 한다면 좌심실에서 나가는 혈액이 좌심방으로 오는 혈액보다 많지 않을까요?

학생처럼 생각하는 사람들이 과거에도 많았답니다. 하지만 사실 모든 심방과 심실에서 뿜어내는 혈액의 양은 같습니다. 좌심방보다 좌심실에서 혈액을 더 뿜어낸다면 나중에는 좌심실이 계속 작아지게 될 것이고, 마찬가지로 우심실보다 좌심실에서 혈액을 더 뿜어낸다면 좌심실이 작아질 뿐만 아니라 온몸의 동맥에 혈액이 계속 쌓이고 말 것입니다.

즉, 사람의 심장 혈관 계통에는 샛길이 없기 때문에 항상 같은 양의 혈액이 들어오고 나갑니다. 비록 혈관 벽의 두께는 약간씩 다르지만 심방과 심실에서 혈액이 나오는 구멍의 크기는 서로 비슷합니다. 다시 말하자면 방의 크기는 다르지만 이동하는 능력은 비슷하기 때문에 이동하는 혈액의 양이 좌심실에서 더 많아질 수는 없습니다.

선생님, 잠시 쉬었다 가요.

그럴까요?

심장이 터질 것 같아요. 근데 심장 은 어떻게 생겼죠?

심장은 저기 있는 집처럼 생겼답니다.

즉, 이층 양옥집같이 위에 있는 방 2 개는 좀 작고, 아래에 있는 방 2개는 좀 크지요. 나란히 붙어 있더라도 중 간에는 튼튼한 벽이 있어서 서로 피 가 섞이지는 않아요.

심장 중에 가장 튼튼한 부분은 어 디인가요?

살이 가장 두껍고 근육이 발 달된 곳으로, 심장 아래 부분 에 있는 좌심실이지요.

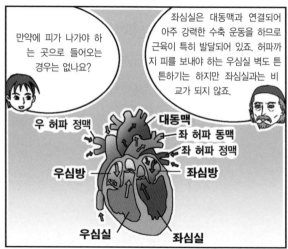

만약에 피가 나가야 하 는 곳으로 들어오는 경우는 없나요?

좌심실은 대동맥과 연결되어 아주 강력한 수축 운동을 하므로 근육이 특히 발달되어 있죠. 허파까 지 피를 보내야 하는 우심실 벽도 튼 튼하기는 하지만 좌심실과는 비 교가 되지 않죠.

우 허파 정맥 / 대동맥 / 좌 허파 동맥 / 좌 허파 정맥 / 우심방 / 좌심방 / 우심실 / 좌심실

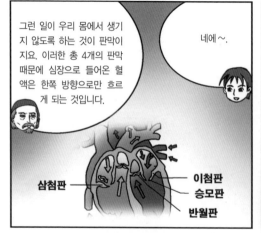

그런 일이 우리 몸에서 생기 지 않도록 하는 것이 판막이 지요. 이러한 총 4개의 판막 때문에 심장으로 들어온 혈 액은 한쪽 방향으로만 흐르 게 되는 것입니다.

네에~.

삼첨판 / 이첨판 / 승모판 / 반월판

좌심실에서 수축이 일어나 혈액이 동맥 으로 나갈 때에는 판막이 열리지만, 수축 이후 좌심실 근육이 이완됐을 때에는 판 막이 닫히지요.

휘!

그렇군요. 선생님, 이제 심장이 어느 정도 쉬었 으니까 다시 운동해요.

탁 탁 탁

2

인체의 **비밀**을 여는
해부학

인체의 비밀을 밝혀내기 위해 노력했던 고대 과학자들의 열정과
해부학의 역사, 초기의 혈액 순환 이론에 대해 알아봅시다.

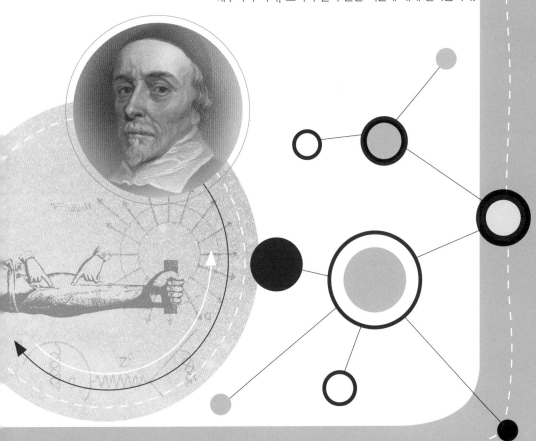

인체의 비밀을 여는 해부학

하비가 학생들에게 질문을 던지며
두 번째 수업을 시작했다.

지난 시간에 했던 돼지 심장 해부는 재미있었나요?

한 학생이 조용히 미소를 지으며 대답했다.

__ 돼지 심장을 해부해서 그 구조를 알기 전까지만 해도 저
는 생물에서 혈액 순환 과정이 제일 싫었어요. 인체에 대해
서 공부하려고 할 때 심장 부분이 나오면 복잡하게 외워야 하
는 내용이 너무 많아서 힘들고, 심장으로부터 이루어지는 혈
액 순환 과정은 아무리 해도 외워지지 않아서 화가 났었거든

요. 그런데 지난 시간에 실험을 한 후에는 집에 가서 책도 찾아봤고, 이제는 인체의 혈액 순환이라는 부분에 대해서 더 많이 알고 싶어졌어요.

과학적 사실을 책만으로 공부한다는 건 지루하고 어리석은 일이라고 생각해요. 과학의 정신은 책의 내용을 그대로 받아들이고 외워서 시험을 잘 보는 것이 아니라 실제 생활에 잘 맞는지 확인해 보고 다른 것이 있으면 왜 그런지 확인하고 설명하려고 하는 것입니다.

인체의 구조에 대해서 더 많은 것을 알고 싶다면 실제로 인체를 해부해 보는 것보다 더 좋은 방법은 없을 것이라고 생각해요.

그러자 한 학생이 걱정스러운 표정으로 질문했다.

__ 전 제가 죽고 나서 누군가가 제 몸을 해부한다고 생각하면 너무 끔찍해요. 인체 해부는 꼭 필요한가요?

글쎄요. 여러분의 생각처럼 죽었든 살았든 인간의 몸을 가지고 연구를 한다는 것은 너무나 위험한 일입니다. 그러나 의학이 발전하는 과정에서 인간의 몸을 통한 실험이 전혀 없을 수는 없습니다. 누군가가 좋은 약을 발명해서 사용하려고 할 때에도 수없이 많은 동물 실험을 거쳐 최종적으로 인체에 적용해야만 약의 효과를 확인할 수 있는 것이죠.

혹시 누군가가 인간의 몸을 해부한다는 것을 쉽게 생각하고 죽은 시체이니 아무렇게나 해도 된다고 이야기한다면 나도 찬성할 수 없습니다.

하지만 반대로 사람의 몸은 너무나 소중하고 신성한 것이니 실험의 재료로 사용할 수 없다고 한다면 그것에 대해서도 찬성할 수 없습니다.

나는 인간의 생명을 연장하고 더 나은 삶을 살 수 있도록 하는 데 도움이 된다면, 누군가가 내 시체를 해부하는 것에 동의하겠습니다. 그러나 그저 장난삼아 해부한다면 화가 나겠죠. 비록 내가 죽은 후에라도 말입니다.

나는 여러분에게 이렇게 묻고 싶습니다. 인간의 몸을 해부하는 일이 전혀 없었다면 지금까지의 의학 발전이 가능할 수 있었다고 생각하나요?

학생들의 표정이 진지해졌다.

과거에는 인체에 대한 해부가 신에 대한 도전으로 받아들여져, 사형을 받을 만큼 커다란 죄였던 적도 있습니다. 동양에서 외과 의학이 그다지 발달하지 못하고 주로 한약 위주의 의학이 발달한 것도 인체를 해부하는 일을 죄악으로 여겼던 전통과 관련이 깊지요. 동양에서뿐만 아니라 서양에서도 14세기 이전까지는 해부는 사형을 받을 만큼 중대한 죄였습니다.

다른 학생이 놀란 표정으로 질문했다.

__그렇다면 과거에는 인간의 몸에 대한 해부나 의학적인 연구는 전혀 이루어지지 않았나요?

인체 해부의 역사는 아주 깁니다. 미라를 만드는 문화가 발달했던 고대 이집트에서는 사람의 시체를 해부하고 다루는 일이 아주 많았죠.

하지만 그들은 인체의 구조라든가 기능에는 전혀 관심이 없었고, 죽은 사람에 대한 의식이라는 관점에서 미라를 제작했기 때문에 해부학적 지식은 많이 얻지 못했습니다.

심지어 이집트에서는 생명의 중심을 심장에 두고 있었고, 뇌에는 아무런 기능이 없다고 생각했기 때문에 미라를 만들 때에도 뇌는 보관하지 않았습니다.

학문적인 것에 중심을 두고 최초로 해부를 한 사람은 고대 그리스의 의학자인 알크마이온(Alkmaion, ?~?)으로 알려져 있습니다. 그는 동맥과 정맥이 별개의 혈관이라는 것을 관찰하기는 했지만 시체는 대부분 동맥이 텅 비어 있기 때문에 혈관이라는 사실은 알지 못했습니다.

아리스토텔레스(Aristoteles, B.C.384~B.C.322) 또한 고대 이집트 인처럼 심장이 생명의 중심이고 뇌는 단지 혈액을 식히는 역할을 할 뿐 별다른 기능이 없다고 생각했습니다.

기원전 250년경 그리스의 의학자 헤로필로스(Herophilus, B.C.335?~B.C.280?)는 매우 뛰어난 해부학자로 알려져 있는데, 그는 인체 조직과 동물 조직을 비교하여 연구했습니다.

과학자의 비밀노트

알크마이온
B.C. 500년경에 살았던 그리스 의학자로 피타고라스의 제자이다. 처음으로 동물 해부를 실시하여 시신경을 발견하였으며, 질병이란 체내의 4원소인 온(溫), 한(寒), 건(乾), 습(濕)의 부조화가 그 원인이고, 이들 4원소가 평형을 유지할 때 사람은 건강을 유지할 수 있다고 주장하였다.

헤로필로스
그리스의 의학자로 최초로 여러 사람 앞에서 인체를 해부했다. 뇌를 신경계의 중추로 간주하고 인간의 지성이 자리하는 곳이라고 하였다.
뇌 후부의 4개의 대동맥이 합류하는 부분을 오늘날에도 '헤로필로스의 포도 짜는 그릇' 이라 부른다.

해부를 통해 동맥과 정맥을 정확히 구별하기도 했지요. 그는 동맥은 혈액을 운반하고 맥박을 뛰게 한다고 생각했죠. 하지만 맥박이 뛰는 것과 심장을 연결시키지는 못했습니다.

그러한 고대의 연구를 뛰어넘어 14세기에 이를 때까지도 의학적 연구나 훈련은 아주 추상적이었습니다. 의학을 전문으로 공부하는 대학교에서조차 인체에 대한 해부는 제대로 이루어지지 않았죠. 심지어는 의사가 되기 위해 공부하는 학생들이 직접 인체 해부를 할 수 없도록 되어 있었습니다.

학생들의 질문이 계속 이어졌다.

__그럼 그때에는 어떻게 의학을 공부할 수 있었나요? 인체 해부는 전혀 이루어지지 않았나요?

인체 해부가 전혀 이루어지지 않았던 것은 아닙니다. 그러나 인체 해부가 의사에 의해서 이루지지는 못했죠. 예전에는 인체를 해부하는 '이발 외과의'라는 직업이 따로 있었습니다. 즉, 이발사가 외과 의사를 겸하였으며, 의사가 아니라 의사의 보조 역할에 불과했죠.

마치 건축가가 있으면 건축가의 지시에 의해 목수가 나무를 다듬는 것처럼, 이발 외과의는 의사들의 명령에 따라 외

과적인 수술이나 해부를 담당했습니다.

　그 당시 대학교에서 강사나 낭독자가 갈레노스(Galenos, 129?~199?)라고 하는 위대한 과학자의 해부학 책을 읽으면, 교수는 높은 강단에 서서 그 책의 내용에 대해 설명만 했습니다. 높은 자리에서 교수가 설명을 하면 수업을 돕는 조수는

과학자의 비밀노트

갈레노스

고대 로마의 의사이자 해부학자로 고대의 가장 유명한 의사 가운데 한 사람이다. 그리스 의학의 성과를 집대성하여 해부학, 생리학, 병리학에 걸친 방대한 의학 체계를 만들었다. 이것은 이후에 중세와 르네상스 시대에 걸쳐 유럽의 의학 이론과 실제에 절대적인 영향을 끼쳤다.

갈레노스의 책과 실제 해부된 모습이 일치한다는 것을 지적할 뿐이었죠. 물론 실제 해부는 이발 외과의가 모두 했답니다. 실제적인 해부 전문가가 이발 외과의였지만, 그들은 의사들의 토론에는 전혀 참여할 수 없었습니다. 그 당시에는 대부분의 학문적 토론이 라틴 어로 이루어졌는데, 이발 외과의는 어렵고 복잡한 라틴 어를 알지 못했거든요.

인체를 직접 해부하는 사람은 과거 고대의 의학적 이론이 어떠한지 전혀 알지 못했고, 의학 책을 읽는 사람은 해부에 직접 참여하지 못했기 때문에 해부학은 오랫동안 발전하지 못했습니다. 14세기 이후에 들어서서 일부 인체 해부가 허락된 나라가 있었지만 대부분의 나라에서는 중죄에 해당하는 일이었습니다.

__ 인체 해부가 가능했던 나라는 어느 곳인가요?

르네상스의 발상지인 북이탈리아에서는 무엇이든지 실제로 해 보는 전통과 문화가 발달했기 때문에 해부가 가능했습니다. 이 고장에서는 레오나르도 다 빈치(Leonardo da Vinci)를 비롯한 예술가들도 해부에 참여하여 관찰 결과를 그림으로 묘사했습니다.

14세기경 이탈리아에서 르네상스 운동이 시작되자 당시의 화가들은 종전의 비현실적인 그림에서 벗어나 인체를 사실

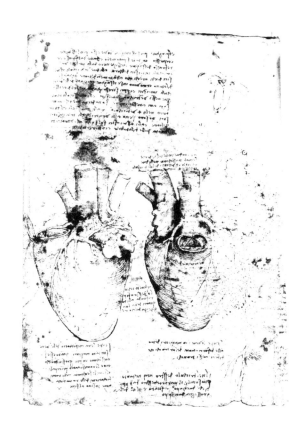

심장을 묘사한 다빈치의 드로잉

그대로 표현하고 싶어했습니다.

　인체를 사실적으로 표현하기 위해 근육이나 뼈를 위주로 한 인체의 좀 더 깊은 곳을 알고 싶어했죠. 그런 화가 중 레오나르도 다 빈치는 당시 해부학 공부를 통해서 고대 갈레노스의 이론과는 달리, 심장의 역할은 일종의 펌프와 같아서 확장기 때 심장으로 들어온 혈액은 수축기 때의 압력에 의해 내뿜어진다는 것을 깨달았으며 심장 판막의 작용에 매료되어 그 부분을 자세히 묘사하였습니다.

의사들이 심장의 구조에 대해 관심을 갖고 그림으로 나타내기 전에 예술가들이 먼저 과학적 사실을 기록하게 된 것이죠. 이런 예술가의 움직임에 힘입어 이탈리아 파도바 대학의 의학 교수들도 직접 해부를 하기 시작했습니다.

나중에는 그림에 설명을 덧붙임으로써 해부학적 이론의 기초가 튼튼해졌죠. 의사인 나는 비록 영국 출신이기는 했지만 바로 이 이탈리아 파도바 대학에서 의학 공부를 했습니다. 이렇게 실제적인 해부에 기초를 둔 수업 덕분에 최고의 수업을 받을 수 있었고, 나중에 영국으로 돌아왔을 때에는 왕실의 주치의가 되었습니다.

＿그럼 해부를 해 보고 싶은 사람은 모두 이탈리아로 갔나요?

실제로 다른 나라에서 해부를 했던 과학자들도 나중에는 이탈리아로 도망쳐 오는 일이 많았습니다. 16세기 이전까지도 시체가 썩는 것을 막을 만한 제대로 된 방부제가 없었고, 해부용으로 제공되는 시체도 많지 않았기 때문에 해부가 쉽지 않기 때문입니다.

대부분의 나라에서는 인체 해부가 금지된 만큼 돼지나 말,
소 등의 동물 해부를 통해 인체의 구조를 짐작하는 수준이었
습니다. 이러한 상황에서 해부학에 커다란 발전을 가져온 사
람은 벨기에의 해부학 교수 베살리우스(Andreas Vesalius,
1514~1564)입니다.

그는 프랑스 파리에서 의과 대학을 졸업하고 벨기에 루뱅
대학에서 교수로 지내면서, 사형수의 시체를 몰래 구해다가
인체를 해부한 후 그 실험 내용을 매우 자세하고 정밀한 기록
으로 남겼습니다.

1543년에 출간한 《인체 해부에 대하여》는 지금 보아도 뛰
어난 책이죠. 하지만 벨기에에서는 인체 해부가 금지되어 있

었기 때문에 결국에는 해부가 허락되었던 이탈리아로 도피
해 와야 했죠. 그의 저서에는 다음과 같은 글이 있습니다.

얼마 전까지만 해도 나는 갈레노스의 의견에서 벗어나는 일을 하려
고는 털끝만큼도 생각지 않았다. 그러나 심장 중간의 벽은 심장의
다른 부분과 마찬가지로 두껍고 치밀하며 촘촘하게 되어 있다. 그
러므로 내가 보기에는 아무리 작은 입자라 할지라도 이것을 통과하
여 우심실에서 좌심실로 옮겨 갈 것이라고는 생각할 수 없다.

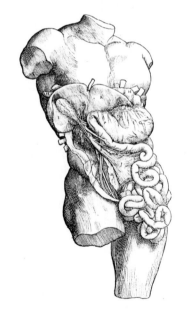

베살리우스의 해부도

베살리우스는 자신이 실제로 해부한 결과가 고대의 위대한 의학자 갈레노스의 이론과 달랐을 때 많은 갈등을 느꼈습니다.

새로운 사실이 발견되었을 때, 특히나 그 발견이 사회에서 크게 인정받고 통용되는 이론과 다르다면 어떻게 해야 할까요? 그냥 자신이 틀렸을 것이라고 생각하며 잊어버려야 할까요?

다음 시간에는 혈액의 흐름에 대한 갈레노스의 이론을 알아봅시다.

만화로 본문 읽기

뇌는 어떻게 할까요?

생명의 중심은 심장이고, 뇌는 필요 없으니까 버리도록 해요.

고대 이집트, 미라 제작실

알크마이온 선생님, 심장과 연결되어 있는 이 2개의 관은 뭘까요?

고대 그리스, 시체 해부실

2개의 관이 별개의 것 같기는 한데 안이 비어 있어서 용도를 모르겠군.

아리스토텔레스 선생님, 인간의 뇌의 역할은 무엇인가요?

인간 생명의 중심은 심장이고, 뇌는 단지 혈액을 식히는 역할을 할 뿐 별다른 기능이 없습니다.

고대 그리스, 아카데미

헤로필로스 선생님, 이게 동맥과 정맥인가요?

맞아요. 이것이 동맥과 정맥입니다. 동맥은 혈액을 운반하고 맥박을 뛰게 하지요.

고대 그리스, 시체 해부실

해부학에 관련된 얘기를 라틴어로 말하니…. 해부만 담당하는 이발 외과의인 나는 무슨 소리인지 모르겠어.

중세 유럽, 병원

심장의 역할은 일종의 펌프와 같아서, 확장기 때 심장으로 들어온 혈액은 수축기 때의 압력에 의해 내뿜어지는군.

박사의 인체

15세기, 시체 해부실

3

혈액의 흐름에 관한
갈레노스의 주장

갈레노스는 의학과 과학 분야에 걸쳐 많은 기여를 했던 고대의 위대한 과학자입니다.
혈액의 흐름에 대해 과거 사람들은 어떻게 생각했는지 알아봅시다.

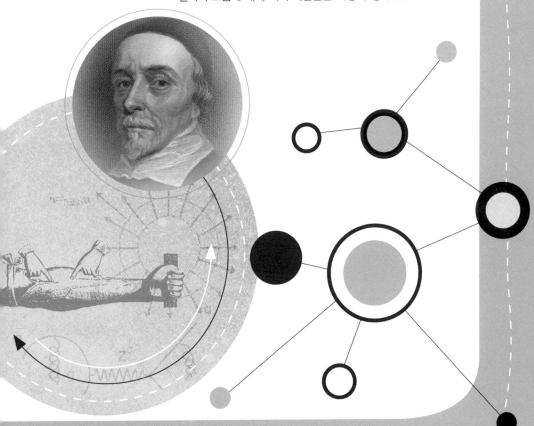

3

혈액의 흐름에 관한
갈레노스의 주장

하비가 머릿속에 떠오르는
위대한 의사를 말해 보라며
세 번째 수업을 시작했다.

이번 시간에는 여러분들이 아는 유명하고 위대한 의사의
이름을 한번 말해 봅시다.

학생들이 너도나도 대답했다.

__ 슈바이처 박사요.

__ 우유 광고에 나오는 파스퇴르 아저씨요.

__ 의사들이 존경한다는 히포크라테스요.

네, 모두 잘 대답해 주었습니다. 여러분 중 누군가가 대답한 히포크라테스(Hippocrates, B.C.460?~B.C.377?)는 고대 그리스의 가장 뛰어난 의사이자 과학자인데요, 그 당시 히포크라테스만큼 유명하고 위대한 의사가 또 한 명 있었습니다.

그의 이름은 갈레노스로 의학과 수학, 철학에 뛰어난 명성을 떨쳤습니다. 해부학, 생리학, 병리학 등 의학의 여러 부문에 걸쳐 많은 업적을 남기셨는데, 특히 신경계에 관련된 연구가 뛰어나서 척수에 인위적인 손상을 가하면 반신불수가 생길 수 있다는 사실을 밝혀냈죠.

근대에 이르기까지 많은 뛰어난 의사들이 갈레노스의 책으로 공부를 했답니다. 15세기 이탈리아의 의과 대학에서도 그의 해부학 책으로 강의를 했고, 대부분의 수업은 그의 이론이 얼마나 정확한 이론인지에 대한 설명이었습니다.

지난 시간에 공부한 베살리우스를 비롯한 여러 의사들이

해부를 통해 알아낸 사실이 갈레노스의 이론과 다르다는 것을 알았을 때, 대부분의 의사들은 자신의 관찰이 틀렸다고 생각하며 갈레노스의 이론에 맞춰 자신의 해부 결과를 다시 해석하려 했습니다.

한 학생이 겸연쩍은 미소를 지으며 말했다.

__그건 저랑 비슷한 것 같네요. 저번에 물의 끓는점을 측정하는 실험을 하는데 끓는점이 100℃를 넘는 거예요. 그래서 친구의 노트와 교과서를 보고 실험 결과를 꾸몄어요.

진정한 과학의 자세는 친구 노트나 교과서에 나와 있는 답을 보고 실험 결과를 꾸미기보다는 내가 얻은 실험 결과가 왜 예상했던 것과 다른지 그 이유를 알아내는 것입니다.

단순히 과거의 이론을 따라간다면 새로운 과학의 발전은 이루어지지 않을 거예요. 과학의 발전은 직접적이고 자세한 관찰과 그 관찰에 근거를 둔 정확한 이론적 설명에 의해 이루어진다고 생각해요. 위대한 과학자의 이론이 틀릴 가능성이 매우 적더라도 실제의 실험과 다르다면 나름대로 이유가 있을 테니까요.

내가 지금부터 갈레노스가 주장한 혈액의 흐름에 대해 이야기를 할 테니 여러분은 지난 시간에 했던 심장 해부 실험의 결과와 어떤 점이 다른지를 발표해 보세요. 갈레노스는 심장의 기능에 대해 다음과 같이 설명했습니다.

1. 심장의 기능은 호흡이다.
2. 심장의 우심실에 들어온 혈액은 우심실과 좌심실 사이에 나 있는 격막 구멍을 통해 좌심실로 이동하면서 사라진다.
3. 음식물은 간에서 혈액으로 바뀌며, 온몸을 돈 후 좌심실에서 사라진다.
4. 심장의 주된 운동은 심장의 팽창 과정을 거쳐 밖으로부터 피를 끌어들이는 것이며, 이것을 맥박이라고 한다.
5. 혈액의 움직임은 바닷물과 비슷하게 썰물과 밀물처럼 움직인다. 심장을 향해 혈액이 밀물처럼 가득 찰 때도 있고, 심장에서 썰물처럼 밀려 나가서 사라질 때도 있다.

학생들의 표정이 어두워졌다.

── 어느 것이 맞고 어느 것이 틀린지 잘 모르겠어요. 다 맞는 것 같기도 하고 다 틀린 것 같기도 해요.

여러분들은 지난 시간에 실제로 심장을 해부해 보았습니

다. 대충 맞는 것 같다거나 설명이 애매하다고 생각하고 넘어간다면 과학의 발전은 이루어지지 않습니다. 하나씩 살펴보며 갈레노스의 주장에 대한 여러분의 의견을 말해 주세요.

1. 심장의 기능은 호흡이다.

__ 어느 면에서는 맞지만 모두 맞는 말 같지는 않아요. 글쎄요, 일부만 맞는다고 할까요? 구체적으로 자세히 설명하지 않아서 무슨 뜻인지 잘 모르겠어요. 마치 코끼리의 다리만 만져 보고 코끼리를 기둥처럼 생겼다고 얘기하는 것처럼 보여요.

아주 잘 대답해 주었어요. 심장은 폐에서부터 얻어진 산소를 온몸 구석구석으로 전달해 주는 기능을 합니다. 그러니까 심장의 기능 중 일부는 호흡이지만, 호흡은 엄밀하게 말하면 폐에서 이루어지는 산소와 이산화탄소의 교환인 외호흡과 온몸의 세포에서 기체를 교환하는 내호흡이 있어요. 결국 심장이 호흡에 큰 역할을 하는 것은 사실이지만 심장의 핵심 기능을 설명하기에는 부족하다는 결론을 내릴 수 있겠네요.

2. 심장의 우심실에 들어온 혈액은 우심실과 좌심실 사이에 나

있는 격막 구멍을 통해 좌심실로 이동하면서 사라진다.

__우심실과 좌심실 사이의 중간 벽에는 구멍이 나 있지 않아요.

__지난 시간에 베살리우스도 그런 얘기를 적었던 것 같아요. 심장의 중간 벽이 다른 부분처럼 두껍고 치밀해서 물질이 쉽게 통과할 것 같지 않다고요.

__우심실의 혈액은 폐동맥을 통해 폐로 갔다가 폐정맥을 통해 좌심방으로 들어와 좌심실로 이동합니다. 갈레노스는 폐순환 과정을 제대로 설명하지 못했어요.

학생들의 열띤 대답에 하비는 흐뭇해졌다.

여러분은 과거에 있었던 그 어떤 과학자에게도 뒤지지 않는 뛰어난 과학적 발표를 했어요. 그 당시 대부분의 의사들도 아마 여러분과 똑같은 관찰을 했을 테지만 갈레노스에 대한 존경과 두려움으로 선뜻 주장하지는 못했어요.

그들은 오히려 자신들이 해부 과정에서 중간 벽에 있는 구멍을 제대로 보지 못했을 것이라고 생각했죠. 위대한 갈레노스도 실수를 할 수 있다거나 틀린 내용을 기록할 수 있다고는 생각지 못한 거예요.

3. 음식물은 간에서 혈액으로 바뀌며, 온몸을 돈 후 좌심실에서
   사라진다.

학생들은 갈레노스의 의견에 대해 토의하기 시작했다.

__음식물이 간에서 혈액으로 바뀌나?

__글쎄, 혈액이 어디서 만들어지는지 잘 모르겠는데…….

__혈액이 좌심실에서 사라져 버리면 1바퀴 돌 때마다 혈
액을 다시 만들어야 한다는 거야?

__갈레노스 말대로라면 좌심실과 대동맥에는 혈액이 없
다는 거네?

__우심실에서 나가는 폐동맥이 얼마나 굵기에 중간 벽 구
멍을 통해 모두 좌심실로 이동한다는 거야? 그렇다면 우심실
에서 폐동맥으로 나가는 길은 왜 있는 거라고 생각했을까?

__그래, 그렇게 많은 피를 계속 만들려면 우리는 하루에
얼마만큼 먹어야 하는 거야?

__혈액은 계속 도니까 우리는 피를 다시 만들 필요는 없
는 거야?

__오래된 피는 우리 몸 어딘가에서는 사라져야 하지 않을까?

학생들의 이야기를 듣고 있던 하비가 빙그레 웃으며 말했다.

여러분이 음식을 먹으면 그중 일부는 소장을 통해 영양소로 흡수되어 간에 저장됩니다. 음식물이 간에서 혈액으로 바뀌는 것은 아니지만 음식물이 가진 영양소가 간으로 이동하는 것은 맞는 얘기인 거죠.

당시의 의사들이 갈레노스의 이론에 대해 쉽게 반박하지 못했던 이유 중 하나는 갈레노스의 이론에는 맞는 내용과 틀린 부분이 애매하게 섞여 있기 때문일 겁니다.

혈액은 우리 몸의 골수라는 곳에서 만들어집니다. 간에서 혈액이 만들어지는 것은 아니죠.

과학자의 비밀노트

골수(bone marrow)
뼈 사이의 공간을 채우고 있는 부드러운 조직으로 대부분의 적혈구(red blood cell)와 백혈구(white blood cell), 혈소판과 같은 혈액 세포를 만들어서 공급하는 조직이다.

여러분이 지금 얘기한 것과 같은 질문들이 16세기를 지나면서 실제로 해부를 했던 여러 의사들 사이에서 쏟아져 나왔지만 결국 갈레노스도 틀릴 수 있다는 확신을 갖게 되기까지는 오랜 시간이 걸렸습니다.

4. 심장의 주된 운동은 심장의 팽창 과정을 거쳐 밖으로부터 피를 끌어들이는 것이며, 이것을 맥박이라고 한다.

조금 전의 분위기와는 달리 누군가가 속삭였다.

__ 저 말은 맞는 말 같지 않아?
__ 글쎄, 맥박은 피가 나갈 때 생기는 거 아냐?

아까는 큰 목소리로 주장하더니 이제는 확신이 안 생기나요? 심장은 팽창만 하는 것이 아니라 수축과 팽창을 반복합니다. 심장이 수축하면 피가 나가고 심장이 팽창하면 피가 들어오죠.

나는 심장의 주된 운동은 팽창보다는 오히려 수축이라고 생각하지만 정확히 말하자면 수축과 팽창의 반복이라고 할 수 있습니다. 또한 맥박은 심장으로 피가 들어올 때 들리는 소리가 아니라 좌심실에서 피가 대동맥으로 나갈 때, 동맥의 혈관을 때리는 압력에 의해 느끼는 것이라는 점에서 앞의 주장은 틀린 내용이 더 많아 보이네요. 이제 하나의 주장이 더 남아 있습니다. 여러분의 생각을 자유롭게 얘기해 주세요.

5. 혈액의 움직임은 바닷물과 비슷하게 썰물과 밀물처럼 움직인다. 심장을 향해 혈액이 밀물처럼 가득 찰 때도 있고, 심장에서 썰물처럼 밀려 나가서 사라질 때도 있다.

웅성거리는 학생들 속에서 크고 작은 이야기가 들렸다.

__혈액이 무슨 바다야?
__저 말은 무슨 뜻인지 모르겠어.
__심장에서 피가 나오기도 하고, 심장으로 피가 들어가기도 하니까 맞는 말 같기도 해.
갈레노스의 의학 이론은 사실 여러 가지 철학적 이론과 함께 이루어져 있습니다. 체액설, 4원소설, 프네우마(pneuma, 피에 의해 운반된다고 생각한 미묘한 물질)설 등 여러 철학적 가설에 의지해서 만든 의학 이론이기 때문에 애매하고 철학적인 표현이 많지요.

하지만 갈레노스의 이론을 듣고 함부로 틀린 내용이라고 할 수 없는 이유 중 하나는 바로 우리가 그의 생각을 이해하지 못하기 때문입니다.

갈레노스가 말한 밀물과 썰물의 움직임이 실제로 심장의 수축과 이완을 이야기하고자 한 것인지 아닌지조차 알지 못하니까요. 여러 가지 틀린 내용이 있을지 모르지만 갈레노스는 아직도 위대한 과학자이자 철학자이며 의사인 것은 틀림없습니다.

갈레노스의 주장에 대한 반대 의견과 그 결과

여러분은 과학자를 생각하면 어떤 모습이 떠오르나요?

__ 천재요.

__ 아인슈타인 아저씨의 부스스한 머리요.

__ 흰 가운을 입고 창백한 모습으로 매일 실험만 하는 사람이요.

__ 우리의 생활을 편안하게 해 주기 위하여 매일 실험실에 있어요.

__ 고집스럽기도 하고 보통 사람과 다른 생각을 해요.

여러분이 과학자가 되고 싶다면 그 이유는 무엇인가요?

__우리 아빠가 그러시는데 이제는 과학이 제일 중요한 시대래요. 과학자는 돈도 많이 벌고, 멋진 자동차도 살 수 있어요.

__과학자는 모두 뛰어난 천재들이잖아요. 저도 에디슨처럼 뛰어난 발명가나 과학자가 되고 싶어요.

__저는 과학을 좋아하지만 과학자가 되지는 않을 거예요. 우리 삼촌이 그러는데 과학 연구를 하는 사람들은 집에도 잘 못 들어가고 매일 연구만 해야 한대요. 저는 과학도 좋아하지만 운동도 좋고 책도 좋아하니까 과학자가 아닌 다른 직업을 가질 거예요.

많은 사람들이 과학자는 연구실에서 과학에 대한 실험과 연구에 전념해야 한다고 생각합니다. 틀린 생각은 아니지만 사실 과학자에게는 이것 못지않게 반드시 필요한 능력이 있다고 생각해요.

한 학생이 고개를 갸웃거리며 말했다.

__과학자는 자신의 연구만 열심히 하면 되는 것 아닌가요?

시대를 앞선 과학적 능력을 갖고 있던 사람들 중의 일부는 불행한 삶을 살아야 했습니다. 그들이 생각하는 과학적 사실이 그 사회나 과학자들로부터 받아들여지지 않아 고민하고 괴로워하다가 결국 불행한 사고로 죽는 경우가 많았죠.

나는 오늘 뛰어난 천재들의 불운을 이야기하려는 것이 아니라 시대를 앞서 간 뛰어난 과학자들이 그 시대 사람들을 설득하기 위해 했던 노력에 대해 이야기하려고 합니다.

자신의 과학적 업적과 발견에 대해 다른 사람이 이해할 수 있는 용어로 설명하고 그 사회에서 받아들여질 수 있도록 다른 사람을 설득하는 것도 과학자에겐 중요한 능력인 셈이죠.

고대 의학자인 갈레노스의 혈액 흐름 이론에 틀린 내용이 있다는 걸 발견한 과학자들이 대부분 어떤 삶을 살았는지 살펴본다면, 과학자들에게도 다른 사람과의 대화와 설득의 노력이 왜 필요한지 이해할 수 있을 겁니다.

시대에 앞서 뛰어난 과학적 사실을 발견한 과학자 중 일부는, 오늘날 당연하게 받아들여지고 있는 진리를 인정받기 위해 엄청난 노력을 기울였어요. 하지만 때로는 그러한 노력에도 불구하고 진리로 인정받지 못한 채 생을 마감하는 경우도 있었습니다.

그중 한 사람이 혈액 순환을 가장 먼저 주장했던 세르베투스(Michael Servetus, 1511~1553)라는 과학자입니다. 그는 인체의 구조에 대한 학문적 욕심을 채우기 위해 해부를 하고자 했지만, 그가 살고 있던 에스파냐(스페인)는 해부를 허락하지 않았기 때문에 남몰래 연구를 해야 했습니다. 그래서 자신의 이름을 숨긴 채 이곳저곳을 돌아다니며 연구를 해야 했지요. 그는 직접적인 해부를 통해 갈레노스의 설명에 잘못이 있음을 확인했습니다. 마치 여러분이 지난 시간에 갈레노스의 주장에 대해 틀린 점을 발견하고 얘기한 것처럼 말이죠.

세르베투스는 심장과 동맥, 정맥 등을 일일이 확인하면서 혈액이 순환할 것이라는 확신을 갖게 됐고 그러한 생각을 책으로 펴내려 했어요. 의학 외에 법학, 철학, 천문학, 수학 등 두루 뛰어났던 그는 신학자이기도 했는데, 그 때문에 많은 라이벌을 갖고 있었죠. 그의 라이벌 중 대표적 인물은 종교 개혁가로 유명한 칼뱅(Jean Calvin)이었어요.

세르베투스가 발간하려는 책의 내용을 알게 된 칼뱅은 하나님의 말씀과 동격으로 취급되던 갈레노스의 의술과 다른 이론을 제기했다는 이유로 세르베투스를 이단이라 공격했습니다. 세르베투스는 혈액이 우심실에서 좌심실로, 중간 벽에 있는 구멍을 통해서가 아니라 허파(폐)를 통해 이동하면서 산소를 얻는다는 사실을 발견했습니다.

세르베투스는 또한 '신은 공기로 혈액을 빨갛게 만든다'고 주장했는데, 불건전하고 사악한 생각을 독자들에게 전파하였다는 죄목으로 자신이 저술한 책 한 권을 허리에 매단 채 화형장의 이슬로 사라져야 했어요.

그의 책 마지막 부분에는 '사람이 숨을 쉰다는 것이 어떤 것인가에 대해서 진정으로 이해하는 자는 이미 신의 숨결을 느낀 사람이며 또한 영혼을 구제받은 사람이다'라는 구절이 있습니다. 이는 과학적 사실마저도 모두 종교와 관련지어 해석하려고 했던 당시의 분위기를 잘 이해할 수 있는 말입니다. 지동설에 동의했다는 이유만으로 갈릴레이(Galileo Galilei, 1564~1642)가 받았던 종교 재판과 같은 일이 여기저기서 일어나고 있었다고 볼 수 있지요.

— 뛰어난 과학자들이 허무하게 죽었네요.

글쎄요, 나는 세르베투스의 죽음이 자신에게는 불행일지 모르지만 과학의 역사로 보아서는 허무한 죽음은 아니라고 생각해요. 그가 죽은 후 그의 이론은 과학자들 사이에서 더 유명해졌고, 그의 이론을 확인해 보는 사람들이 점점 많아졌으니까요. 그런 사람 중 하나가 앞에서 얘기했던 베살리우스입니다.

세르베투스가 혈액 순환 이론을 종교적으로 해석하려고 했다면, 베살리우스는 순수하게 의사의 입장에서 접근했습니다.

갈레노스의 이론을 반박하는 자료 또한 더욱 구체적이었죠.

베살리우스는 심실 사이의 중간 벽에 구멍이 없다는 것을 확인했고, 또 좌심실과 동맥에 피가 많이 들어 있는 것을 보고 심장에서 혈액이 다른 무엇으로 바뀐다는 갈레노스의 설명에 문제가 있다고 지적했어요.

세르베투스는 의학자인 동시에 신학자로서도 유명했습니다. 그는 인체의 구조에 대한 관찰 결과를 자신이 생각하는 종교적 교리에 맞게 해석하려고 애썼어요. 그렇기 때문에 더욱 그 당시의 여러 종교 개혁가들의 적이 되었죠.

세르베투스가 인체를 해부했다는 것도 그가 죽임을 당한 이유 중의 하나겠지만 더 큰 이유는 과학적 발견을 지나치게 종교적으로 설명하려 했기 때문일 겁니다.

그에 비해 베살리우스는 의사의 입장에서 인체의 구조를 좀 더 구체적으로 설명했습니다. 1543년에 출간된 《인체 해부에 대하여》에는 인체의 구조에 대한 설명이 그림과 함께 설명되어 있어서 종교가들이 반박하기에 쉽지 않았습니다. 그렇기 때문에 사람들은 그를 함부로 죽일 수 없었어요.

이렇듯 한 시대를 살아가는 다른 사람들을 설득하기 위해서는 함부로 부정하기 힘든 증거가 필요해요. 단순히 머리에서 나오는 생각을 아무런 증거 없이 나열한다면 쉽게 공격받게 됩니다. 더군다나 세르베투스처럼 개인의 신앙을 자신이 관찰한 과학적 연구와 결합시킨다는 건 당시로서는 매우 위험한 일이었어요.

한 학생이 심각한 표정을 지으며 질문했다.

그 당시의 분위기는 어땠나요?

베살리우스가 《인체 해부에 대하여》를 출판한 1543년은 인류의 과학적 역사에 있어서 큰 의미가 있는 해입니다. 코페르니쿠스(Nicolaus Copernicus, 1473~1543)는 바로 그해에 《천체의 회전에 관하여》를 출판해서 '지동설'에 대한 여러 가지 과학적 증거를 자세히 제시했습니다.

내가 생각하는 1543년은 기존의 신앙과 함께 그때까지 사람들이 믿어 왔던 여러 과학적 이론들이 하나, 둘씩 틀린 점을 드러내면서 종교적 믿음과 힘마저 서서히 약해지기 시작하던 때입니다. 그런데 자신의 믿음이 서서히 흔들리기 시작하는 바로 그 순간이야말로 사람들이 가장 고집스러워지고 잔인해지는 때라고 생각해요. 자신들의 믿음을 그대로 지키기 위해서 다른 주장을 하는 사람들을 공격하는 거죠.

몇몇의 사람들은 과학적 증거에 의해서 서서히 설득되고

있었지만 그만큼 새로운 주장을 하는 사람들에겐 위험이 많았던 시기였어요. 그러한 위험을 눈치챈 베살리우스는 인체 해부가 가능할 뿐더러 과학적 토론 역시 자유로웠던 이탈리아로 도피했어요.

남들보다 뛰어난 사람은 한 번에 세상을 뒤바꿀 만한 역사적 업적을 남기지만, 남들보다 앞서 갔다고 해서 항상 좋은 결과를 얻는 것만은 아닙니다.

베살리우스는 인체의 해부학에 대해 아주 큰 공을 세웠지만 그로 인해 불행한 삶을 살아야 했죠. 고향을 떠나 여기저기를 떠돌아야 했고, 직접 관찰한 결과를 발표했음에도 불구하고 그 당시로서는 너무 혁신적이어서 절대적 권위를 가지고 있던 교회와 마찰이 생겨 고통스러운 일을 겪어야 했으니까요.

그는 결국 귀국 도중 배가 침몰하는 바람에 사망하게 되었어요. 하지만 인체의 해부 및 구조에 대한 그의 뛰어난 설명은 다른 과학자들의 인체 연구에 큰 도움이 되었으며, 그의 죽음 이후 많은 과학자들이 갈레노스의 이론 중 일부가 틀리다는 사실을 확인하게 되었습니다.

베살리우스의 뒤를 이어 파도바 대학의 의학 교수가 된 콜롬보(Matteo Colombo, 1516~1559) 같은 학자들도 피가 우심실에서 폐로 갔다가 좌심실로 돌아온다는 사실을 확인했어요. 그는 특히 폐정맥에 있는 판막을 발견했습니다. 이 판막은 피를 폐에서 정맥 쪽으로 흐르게 한다는 증거가 되기 때문에 결국 심장이 팽창하면서 피를 끌어들인다는 갈레노스의 이론은 큰 타격을 받았어요.

콜롬보는 해부학적이고 생리학적인 증거를 이용하여 폐순환을 주장했어요. 심장의 중간 벽은 조밀하고 단단하기 때문에 혈액이 심장의 우심실에서 좌심실로 가려면 아무래도 이것과는 다른 길, 즉 폐를 지나가지 않으면 안 된다고 설명했습니다. 그리고 폐동맥은 너무 커서 폐의 영양에 필요한 것보다 더 많은 혈액을 운반한다는 것, 또 폐에서 폐정맥을 지나 심장의 좌심실로 가는 혈액은 새빨간 빛이며 활성화되어 있다고 얘기했습니다.

__ 베살리우스와 콜롬보는 모두 파도바 대학 교수였네요?

과학자의 비밀노트

콜롬보

이탈리아의 해부학자로 베살리우스의 뒤를 이어 파도바 대학에서 교수를 지냈다. 심장의 벽 사이에 구멍이 있다는 갈레노스의 주장이 틀렸음을 개의 생체 해부를 통해 밝혔으며, 1547년부터 12년간이나 미켈란젤로(Michelangelo)와 함께 해부학을 연구했다.

중세의 신앙 중심적인 분위기를 벗어나 르네상스의 발상지였던 이탈리아는 과학자들이 자유롭게 자신의 주장을 발표할 수 있는 곳이었습니다. 파도바 대학은 그중에서도 의학적인 토론이 가장 자유로운 곳이었고요. 그에 비해 아직 유럽 대부분의 나라는 종교에 관한 논쟁이 많았고, 과학적 사실조차 종교적인 의미 속에서 해석하려고 했기 때문에 새로운 과학적 발견을 쉽게 받아들이지 못했어요.

혈액 순환 이론을 좀 더 체계적으로 증명해 낸 나도 바로 이 파도바 대학에서 의학 수업을 받았기 때문에 혈액 순환 이론에 대한 연구를 계속할 용기가 생겼어요.

파도바 대학은 그 당시 의학 부문에서 세계적으로 가장 영향력 있는 대학이었어요. 그래서 전 유럽으로부터 의학을 깊이 있게 공부하고 싶어 하는 학생들이 몰려들었어요. 내가 대학에 도착해서 공부를 시작할 때에는 여러 건물들이 새로 들어서고 있었는데, 새 건물에는 아주 큰 해부실이 있었답니다. 그 당시 내가 사용하던 해부실이 아직까지도 남아 있어요.

파도바 대학에는 베살리우스의 해부학에 자극받은 의학자들이 많이 있었습니다. 그중 한 사람이 나의 지도 교수님이었던 파브리키우스예요. 그의 수업은 다른 사람의 수업과 뭔가 많이 달랐어요. 이전의 수업들이 단순히 갈레노스의 의학

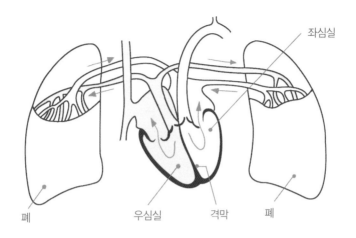

좌심실

폐　　　　　우심실　　격막　　폐

적 견해를 확인하는 것에 불과했다면, 그는 인체 그 자체의 구조에 더 많은 관심을 갖고 있었어요.

　이론보다는 실제의 해부 대상 자체를 구체적으로 관찰하고 연구하셨는데, 그 대상은 인체만이 아니었어요. 다양하고 많은 동물의 신체 각 부분을 연구하고 인체와의 공통점을 찾아 생명 현상이 무엇인지 끊임없이 질문했어요. 또 다른 해부학 교수인 모르가니(Giovanni Morgagni, 1682~1771)는 파도바 대학에 재직하는 동안 무려 640여 구의 시체를 해부했고, 그 결과를 책으로 출판하기도 했답니다.

　파도바 대학에서의 실험과 연구 중심의 의학 공부 방법은 나에게 큰 힘이 되었습니다. 나중에 내가 모국인 영국으로 돌아왔을 때에도 다른 사람을 설득할 수 있는 연구의 기반이 되었어요.

　__하비 선생님께서는 어떻게 혈액이 순환한다는 생각을 하게 되셨나요? 베살리우스나 다른 분의 연구에서는 대부분 피가 우심실에서 폐를 돌아 좌심방으로 들어오게 되는 폐순환에 대한 설명만 있을 뿐, 피가 온몸을 순환한다는 이론을 발표한 사람은 아무도 없는데 말이죠.

　내가 혈액이 온몸을 돈다고 생각하게 되기까지의 과정은 다음 시간에 계속 설명하겠습니다.

갈레노스의 혈액 흐름 이론이 안 맞잖아. 이것을 책으로 정리해야겠어.

16세기, 파리

세르베투스

드디어 책을 완성했다.

16세기, 제네바

세르베투스

세르베투스, 하나님의 말씀과 동격인 갈레노스의 의술이 잘못됐다고 하는 자네의 주장은 이단이야.

칼뱅

역시 갈레노스의 이론 일부가 틀리다는 세르베투스의 말이 맞았군.

베살리우스

16세기, 벨기에

16세기, 이탈리아

머동맥

폐동맥판막

판막은 피를 허파에서 정맥 쪽으로 흐르게 한다는 증거이기 때문에, 심장이 팽창하면서 피를 끌어들인다는 갈레노스의 이론은 틀렸다고 볼 수 있습니다.

콜롬보

1598년, 이탈리아

베살리우스와 콜롬보가 교수로 있었던 파도바 대학이야. 진정한 해부학을 공부할 수 있는 곳이지.

응, 나도 이곳에서 배운 걸 바탕으로 혈액 순환에 대해 더 연구하고 싶어.

하비

하비의 엉뚱하고
위험한 상상

하비가 자신의 엉뚱하고 기발한 실험에서 얻어진 여러 관찰 결과를 통해
혈액 순환 이론을 상상해 내는 과정을 알아봅시다.

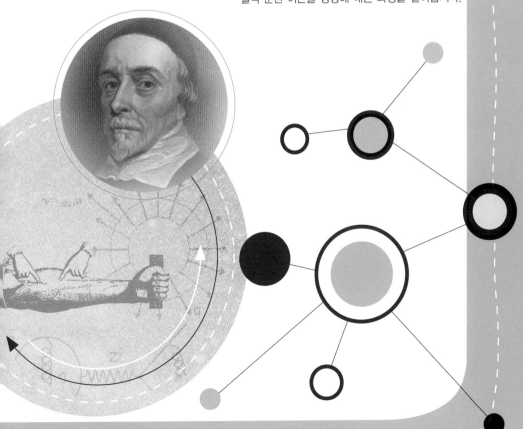

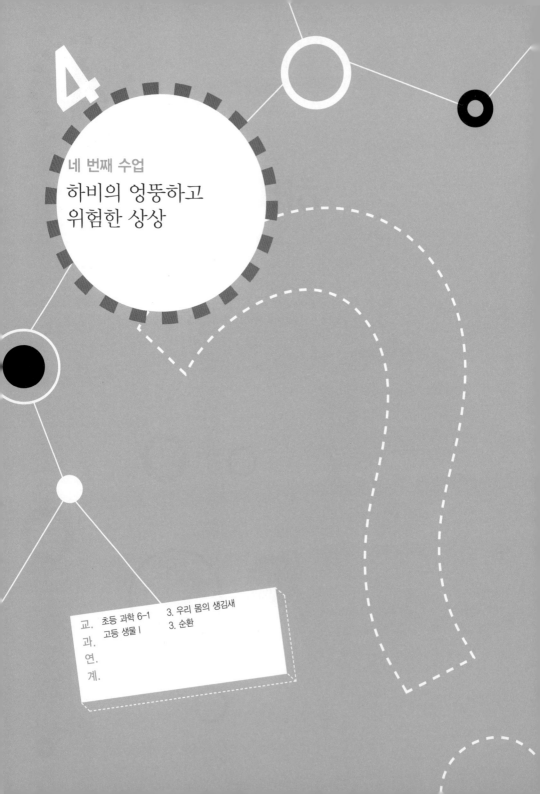

네 번째 수업

하비의 엉뚱하고
위험한 상상

하비가 과학자의 자세를 언급하며
네 번째 수업을 시작했다.

모든 사람들이 옳다고 생각하고 믿는 과학적 사실에 대해서 감히 틀리다고 주장하는 것이 얼마나 어려운 일인지 여러분은 잘 알 겁니다. 가끔은 그저 내 자신이 틀렸다고 얘기하고 다른 사람들의 의견이 옳다고 하고 싶은 순간도 많지요.

하지만 그럴수록 과학적이고 객관적인 방법으로 자신의 이론을 증명하기 위해 더욱더 노력해야 하는 것이 진정한 과학자의 자세일 것입니다.

한 학생이 손을 들고 진지하게 질문했다.

__다른 과학자들이 종교 재판을 받거나 비난받고 있는 상황에서도 선생님께서 끝까지 혈액 순환 이론을 주장하게 된 이유와 비난을 견뎌 낸 방법이 궁금합니다.

　우선은 여러 차례의 해부와 인체 실험 결과, 기존에 인정받던 갈레노스의 의견이 틀렸다는 것이 너무나 확실했기 때문입니다. 그뿐 아니라 나의 스승인 파브리키우스를 비롯한 여러 선배 의학자들이 찾아낸 증거들로 갈레노스의 의견에 의심을 품는 사람들이 하나, 둘씩 늘어나면서 내가 목소리를 낼 수 있는 분위기가 생겼기 때문이기도 하죠.

　혈액이 순환하고 있다는 사실에 대해 가장 놀란 사람 중 하나는 바로 나일 겁니다. 혈액의 흐름은 애초에 내 관심사가 아니었어요. 내가 관심을 갖고 있던 대상은 인체의 중심 기관 중 하나인 심장이었습니다. 더 자세히 얘기하자면 '심장과 동맥의 운동과 박동, 그 작용과 용도, 유용성'에 대한 것이었죠.

　내가 유독 심장에 더 많은 관심을 가진 이유는 아주 단순합니다. 나의 스승인 파브리키우스는 동물의 거의 모든 신체 기관에 대해 정확하게 서술했지만 심장에 대해서는 시도하지 않고 과제를 남겨 놓았습니다. 하지만 나는 자세한 관찰 기록은 많지 않았지만 생물에게 가장 중요한 기관이 심장이라고 생각했기 때문에 직접 해부를 하면서 여러 책들의 설명을 비교, 검토해 보았죠. 처음 심장의 구조에 대해 연구를 시작할 때에는 혈액 순환의 증거를 찾으려고 한 것이 아니었습니다. 더욱이 위대한 의사인 갈레노스의 주장에 반대하려는 생각은 더더욱 없었습니다.

나는 20살이 갓 넘었을 때부터 동물의 신체 구조에 대해 개인적으로 연구를 해 왔고, 그러던 중 파도바 대학에서 정교한 해부 기술과 관찰 방법을 배우게 되면서 기존의 이론이 잘못됐다는 사실을 저절로 깨닫게 된 겁니다.

나 또한 혈액이 순환하는 것을 직접 보지는 못했습니다. 심지어 과학이 발달한 오늘날에도 혈액이 순환하는 전 과정을 실제로 관찰할 수는 없습니다. 기껏해야 실험실에서 여러 조작을 통해 피가 한 방향으로 흐른다는 정도만을 볼 수 있을 뿐이죠.

혈액이 순환한다는 내 생각은 여러 가지 관찰 결과를 종합해서 얻은 추론입니다. 관찰하고 연구한 것을 종합해서 얻은 결론인 셈이죠. 안타깝게도 사람들은 그러한 나의 추론을 단순한 상상으로 쉽게 판단해 버렸죠.

나는 내가 연구한 여러 결과들을 사람들에게 알려 주면 사람들도 나와 비슷한 추론을 하게 될 거라고 생각했어요. 혈액 순환 이론이 사람들 사이에 인정받는다는 것이 이렇게 힘든 일인 줄은 정말 몰랐지요. 내가 심장의 운동과 기능에 대한 진실을 밝히기 위해 생체 해부와 과학적인 연구를 하겠다고 처음 결심했을 때에는 어느 정도 시간이 지나면 금세 이해가 될 것이라고 생각했어요.

하지만 혈액 순환 과정에 대해 사람들에게 설명을 하려고 할 때마다 이 과정이 점점 더 복잡하고 어려워져서 심장의 운동과 혈액의 흐름은 신에 의해서만 설명이 가능하다는 생각을 하기도 했어요. 그러나 이미 내 마음 깊숙한 곳에서는 심장과 혈액에 대해 제대로 알고 싶다는 욕심 또한 자리 잡고 있었지요.

결국 다양한 동물들을 이용해서 더 많은 실험을 해야 했고 거기서 얻은 수많은 결과들을 비교, 검토한 결과, 혈액 순환 원리에 대해 다른 사람을 설득할 수 있다는 자신감이 생겼어요. 우선은 선배 의사들이 했던 실수를 반복하지 않기 위해 의학적 연구를 종교와 전혀 다른 차원의 것으로 구별하고 사람들이 객관적이라고 생각하는 기계와 수학의 힘을 빌렸습니다.

__혈액 순환을 증명하기 위해 기계와 수학이 필요했다고요?

나는 영국 왕립의사학회에서 해부학 강의를 할 때, 혈액 순환 이론을 증명하기 위해 실제 사람 몸속에 있는 혈액의 양을 계산했었습니다. 측정해 보니 맥박이 1번 뛸 때마다 56.6g의 피가 방출되더군요. 1분 동안의 맥박 수를 평균 72번으로 예상해서 계산하면 약 240kg의 피가 1시간 만에 방출된다는 것을 의미합니다. 여러분도 계산해 보세요. 어떻게 식을 세우면 될까요?

한참을 계산하던 학생 중 1명이 깜짝 놀라며 말했다.

＿56.6×72×60=244,512(g)이니까, 정확히 얘기하면 약 244.512kg이네요. 와! 우리 심장은 참 엄청난 일을 하고 있군요.

맞아요. 몸무게가 80kg인 어른의 몸에서 1시간 동안 심장을 거쳐 가는 혈액의 양이 그 사람 몸무게의 3배도 더 되죠. 왕립의사학회에서 이런 계산을 보고하니 여러 사람들이 술렁이더군요.

갈레노스의 주장처럼 우리가 먹은 밥과 영양소가 간을 거쳐서 쌓이고 이게 피로 바뀐 다음 심장으로 와서 사라진다면 우리가 1시간 동안 먹는 음식의 양은 지금보다 훨씬 더 많아야 할 거예요. 심장 밖으로 나가는 혈액이 계속해서 만들어지기에는 음식을 비롯해 인체에 흡수되는 영양소의 양이 너무 적다는 나의 생각은 다른 의사들에게도 충분히 이해되는 부분이었지요. 이렇게 많은 혈액이 우리 몸의 한 부분에서 만들어지고 다른 한쪽에서 모두 파괴된다는 것은 있을 수 없는 일입니다.

따라서 혈액이 충분히 만들어질 만큼 인체에 공급되는 영양소가 없다면, 혈액을 인체 구석구석에 머물게 하는 다른 방법이 있을 것이라고 생각했어요. 나는 내 이론을 증명하기 위해 여러 가지 동물과 사람의 시신을 해부해 심장과 혈관 구조를 살폈습니다. 직접적인 실험과 관찰만큼 뛰어난 증거는 없으니까요.

그 과정에서 나는 뱀의 대동맥을 묶으면 심장에 피가 모이게 되지만 대정맥을 묶으면 심장이 비어 버리는 현상을 관찰하게 됐습니다. 즉, 좌심실과 연결된 대동맥을 막으면 심장에 피가 고이게 되는데, 이는 대동맥을 통해 심장에서 피가 다른 곳으로 이동하고 있었다는 증거입니다.

그뿐 아니라 우심방과 연결된 대정맥을 묶으면 심장이 비게 된다는 것은 대정맥 쪽에서 피가 계속 흘러들어 왔다는 뜻입니다. 즉, 혈액은 대정맥 쪽에서 심장으로 들어와 대동맥으로 나간다는 것이죠. 나는 그 과정이 우리 몸속에서 계속 반복된다고 예상했습니다.

여러 번의 실험을 통해 혈액은 심장이 수축할 때 오른쪽 동맥을 통해서는 폐로, 왼쪽 동맥을 통해서는 사지와 내장으로 흘러간다는 것을 확인했습니다. 또한 좌우의 두 심실을 분리하고 있는 중간 벽을 통해서는 혈액이 흐르지 않는다는 사실과 정맥의 판막은 혈액을 심장으로 되돌려보내기 위한 것임을 다른 과학자들에게 보일 수 있었습니다.

하지만 결과적으로 순환하는 것을 보이기 위해서는 동맥과 정맥이 어느 곳에선가 만나야 한다는 사실을 보여 줄 수 없다는 점이 문제였습니다. 지금은 모든 사람들이 다 알고 있는 동맥과 정맥 사이의 모세 혈관을, 현미경이 발명되지 않았던 그 시대에는 전혀 볼 수가 없었으니까요.

만약 지금 여러분들이 실험실에서 흔히 쓰고 있는 현미경이 내가 살고 있는 시대에도 있었고, 모두가 쉽게 사용할 수 있었다면 동맥과 정맥이 모세 혈관으로 연결되어 있다는 것을 다른 사람들에게 보여 주는 것으로 나의 이론은 완벽하게 증명됐을 겁니다.

하지만 의심 많고 고집 센 일부 과학자들은 동맥과 정맥이 전혀 연결되어 있지 않다고 말하며, 연결된다는 것을 증명하

하비의 혈액 순환 이론 증명

1661년에 이탈리아의 생리학자이자 현미 해부학의 창시자인 말피기 (Marcello Malpighi) 는 현미경을 통해 개구리의 허파에서 동맥과 정맥이 육안으로 구별하기 어려운 가느다란 혈관(모세 혈관)들로 연결되어 있음을 발견함으로써 하비의 이론을 증명하였다.

지 못하는 한 나의 주장은 '엉뚱한 상상'에 불과하다며 비웃었습니다. 물론 나 역시 신처럼 떠받들어지던 갈레노스의 이론이 한낱 의사에 불과한 내 주장보다는 훨씬 더 믿을만했을 거라고 생각합니다.

혈액이 순환한다는 주장은 이전에도 있어 왔죠. 하지만 나는 그저 주장만 하고 끝낸 것이 아니라 명백하게 밝혀낸 여러 증거를 보여 주었습니다. 열심히 설명했는데도 전혀 귀 기울이지 않고 조롱하기만 하는 것은 올바른 과학자의 태도가 아닙니다. 나는 내 주장이 맞든 틀리든 무언가 증명하기 위해 노력했고, 직접 실험을 통해 보여 줬으니까요.

한 학생이 조용히 중얼거렸다.

__ 단지 수학적 계산만으로는 저도 믿기 어려웠을 것 같아

요. 좀 더 확실한 증거는 없었나요?

모세 혈관을 볼 수 없었던 나는 각 심실의 용량을 측정하고 인체 내부에 있는 혈액의 총량을 좀 더 정확하게 측정하기 위해 노력했습니다. 어떤 사람들은 몸속에 있는 혈액의 양이 내 계산보다 훨씬 적다며 갈레노스의 설명처럼 충분히 한쪽에서 만들고 한쪽에서 파괴될 수 있다고 주장했으니까요.

과학적 예상이 엉뚱한 상상으로 끝나지 않기 위해서는 사람들을 설득할 만한 여러 증거가 필요합니다. 더구나 이미 철석같이 믿어지고 있는 이론이 있을 때는 더욱더 그렇죠.

다음 시간에는 내가 다른 사람들을 설득하기 위해 제시했던 증거들을 모두 보여 줄 테니 기대해 주세요.

하비 선생님! 사람 몸속의 혈액의 양을 계산하셨다면서요?

네. 혈액 순환 이론을 증명하기 위해 실제 사람 몸속에 있는 혈액의 양을 계산했었습니다.

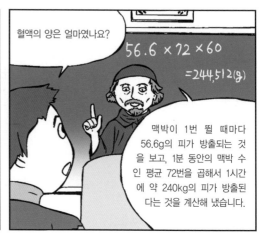

혈액의 양은 얼마였나요?

$56.6 \times 72 \times 60$
$= 244,512 (g)$

맥박이 1번 뛸 때마다 56.6g의 피가 방출되는 것을 보고, 1분 동안의 맥박 수인 평균 72번을 곱해서 1시간에 약 240kg의 피가 방출된다는 것을 계산해 냈습니다.

즉, 몸무게가 80kg인 어른의 몸에서 1시간 동안 심장을 거쳐 가는 혈액의 양은 그 사람 몸무게의 '3배'가 더 되는 거죠.

우리의 심장은 참 엄청난 일을 하고 있네요.

**몸무게 80kg,
1시간 동안 방출되는
혈액의 양 약 240kg.**

갈레노스의 주장대로라면 우리가 1시간 동안 먹는 음식의 양은 지금보다 훨씬 더 많아야 할 거예요.

하지만 수학적 계산만으로 알아낸 혈액의 양을 쉽게 믿기는 어려웠을 것 같아요.

먹은 음식과 영양소는 간을 거쳐서 쌓이고 피로 바뀐 다음, 심장으로 와서 사라진다.

제 이론을 증명하기 위해서는 동맥과 정맥이 어디선가 만나야 하는데, 당시에는 증명할 수가 없었지요. 그래서 일부 과학자들은 '엉뚱한 상상'에 불과하다며 저를 비웃었습니다.

어? 동맥과 정맥은 당연히 연결되어 있잖아요?

동맥과 정맥은
어디선가 만납니다.

지금은 모든 사람들이 동맥과 정맥 사이를 연결하는 모세 혈관에 대해 알고 있지만, 현미경이 발명되지 않았던 그 시대에는 볼 수가 없었답니다.

아, 그럴 수도 있겠네요.

혈액 순환 이론을
재정립한 **하비**의 **발견**

과학적 가설이 사실이라는 것을 증명하기 위해서는 고되고 힘든 실험과
연구가 필요하지요. 혈액 순환 이론을 새로운 시각에서 증명해 낸
하비의 연구 과정을 함께 살펴봅시다.

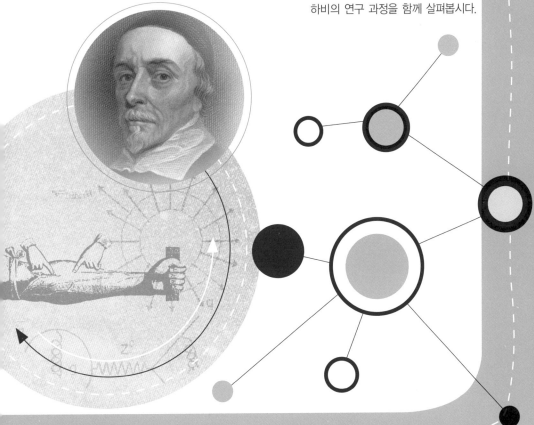

5

다섯 번째 수업

혈액 순환 이론을
재정립한 하비의 발견

하비가 자랑스러운 얼굴로
다섯 번째 수업을 시작했다.

나는 상당히 오랫동안 심장에 대한 관찰과 연구를 계속했습니다. 인체라든가 질병을 낮게 하기 위한 방법 때문에 연구했다기 보다는 그저 심장의 구조와 기능 자체에 큰 관심을 갖고 있었죠.

내가 알고 싶었던 것은 인간이 아니라 모든 동물들의 '심장' 그 자체였습니다. 생명을 지속시키는 근원의 힘이 바로 심장이라고 여겼기 때문에 모든 동물은 심장을 갖고 있어야 한다고 생각했습니다.

사람보다 심장의 구조가 더 단순한 동물이든, 온혈이 아닌

변온 동물이든, 심지어는 허파가 없는 동물조차 심장을 갖고 있습니다. 그렇기 때문에 나는 모든 동물의 생명 활동에서 심장의 역할은 무엇이고, 왜 심장이 생명 유지에 필수적인지를 밝히고 싶었습니다. 이를 위해 나는 주변에서 구할 수 있는 모든 동물들을 해부하고 관찰했습니다.

그리고 관찰 결과를 서로 비교하면서 심장과 동맥의 운동 및 기능에 대한 정확한 지식을 얻게 되었죠. 그 결과를 《동물의 심장과 혈액의 운동에 관한 해부학적 연구》라는 책으로 출간, 혈액의 순환을 증명하는 여러 실험을 정리해 두었습니다.

__심장을 자세히 관찰한 것만으로도 혈액이 순환한다는 것을 추론할 수 있나요?

내가 관찰한 여러 가지 사실을 하나씩 들려줄 테니 여러분이 내리게 되는 결론을 발표해 보는 시간을 갖도록 해요.

1. 심장이 이완할 때 크기가 가장 크고, 이때 가슴을 치기 때문에 박동을 느낄 수 있다.

2. 심장을 손에 놓고 만져 보면 수축할 때 더 딱딱한데 이는 근육이 긴장했다는 증거이다. 그리고 심장이 움직이면 창백한 빛깔을 띠고 정지하면 선홍색으로 바뀐다.

__ 심장이 수축하면서 벽이 두꺼워지고 심실이 작아지면서 피가 밖으로 나가니까 색깔이 옅어지는구나!

3. 동맥의 팽창과 심장의 수축이 거의 동시에 일어난다. 그리고 동맥을 잘라 보면 좌심실이 수축했을 때 상처에서 피가 뿜어져 나오고, 폐동맥을 자르면 우심실이 수축했을 때 피가 뿜어져 나온다.

__ 심장이 수축하면 피가 동맥으로 나가니까 동맥은 팽창하는군요. 심장이 수축하면 동맥으로 피가 흐른다는 증거도 될 수 있겠네요.

4. 동맥을 묶으면 동맥과 심장 사이에 피가 가득 차서 혈관 색깔이 진해지고 터져 버릴 듯 팽창한다.

__ 흠, 이건 모두 선생님께서 관찰한 내용일 뿐이지 저희는 확인할 수 없잖아요.

완벽하지는 않더라도 어느 정도는 지금 여기서도 여러분께 보여 줄 수 있어요.

__ 어떻게요? 보여 주세요.

미안하지만 혈액의 흐름을 보여 주려면 여러분 중 나를 도와줄 친구가 필요해요. 아! 저기 마른 학생이 좋겠군요. 몸이 마르고 정맥이 굵은 사람일수록 관찰이 쉽습니다. 미안하지만 앞으로 나와 줄 수 있나요?

지목을 받은 학생이 앞으로 나왔다.

지금 나온 학생은 미안하지만 그 자리에서 5~10분간 빠른 속도로 제자리 뛰기를 해 주세요. 빠르면 빠를수록 관찰이 잘 됩니다.

저 친구가 뛰는 동안 나는 관찰에 도움이 될 만한 질문을 몇 가지 하겠습니다. 여러분은 내가 설명하는 상황에서 일어날 변화를 예상해서 얘기해 주면 됩니다.

맥박이라는 것이 심장에서 나가는 혈액이 동맥을 쳐서 생긴다고 한다면, 동맥에 피가 흐르지 못하도록 막았을 때에도 맥박이 있을까요?

__피가 흐르지 않으면 맥박도 없어야 하지 않을까요?

물이 흘러내려 오고 있는 강을 막으면 막은 부분의 위쪽과 아래쪽의 물의 양은 어떻게 될까요? 마찬가지로 심장에서부터 피가 온몸으로 공급되는 동맥을 막으면 막은 부분의 위쪽(심장)과 아래쪽에서는 어떤 변화가 생길까요?

＿동맥을 막으면 강의 상류에 해당하는 심장 쪽에는 피가 많아져서 약간 부풀어 오르고, 아래쪽에는 혈액이 공급되지 않겠죠.

여러분의 예상이 맞는지 확인해 봅시다. 동맥을 막는 실험을 하기 전에 기억해 두어야 할 것은 동맥이 우리가 생각하는 것보다 훨씬 피부 깊숙이 있다는 것입니다. 정맥은 피부 깊은 곳에도 있지만 우리가 쉽게 찾아볼 수 있을 만큼 피부 가까이에도 있어요. 따라서 정맥은 쉽게 손이나 발에서도 찾을 수 있지만 동맥은 아무리 노력해도 보이지 않아요.

＿그럼 동맥이 있는 위치를 어떻게 알 수 있나요?

＿맞아요. 동맥의 위치를 모르는데 어떻게 동맥에서 흐르는 혈액을 막을 수 있나요?

동맥이 비록 피부 깊숙한 곳에 있기는 하지만, 우리 피부 근처 가까운 곳에서도 동맥을 볼 수 있는 곳이 있어요. 바로 피부 근처에 있는 동맥을 통해 맥박을 확인할 수 있기 때문이죠.

자, 그럼 여러분이 쉽게 맥박을 확인할 수 있는 곳을 손가락으로 짚어 보세요. 실험을 돕기 위해 친구가 뛰는 동안 우리는 각자 맥박 수를 세어 봅시다. 내가 1분간 시간을 잴 테니 여러분은 엄지손가락 쪽 손목이나 목, 아니면 심장에 손을 얹은 후 맥박 수를 세어 주세요. 자, 시작합니다. 준

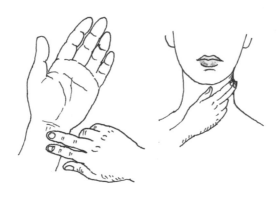

비……, 시작!

여러분의 맥박 수는 얼마인가요?

__70번이요.

__72번이요.

__저는 숫자를 잘못 셌나 봐요. 60번이요.

__어 그럼 나도 뭐가 잘못됐나? 저는 95번인데요.

하하, 맥박 수도 개인차가 있기 마련이지요.

건강을 위해 운동을 할 때에도 적당한 정도로 해야 건강에 도움이 됩니다. 자신의 체력보다 지나치게 강한 운동을 하면 신체가 손상을 입게 되는 경우가 생기고, 너무 약한 운동을 하면 체력 단련의 효과가 떨어집니다.

적당한 강도로 운동하고 있는지를 알고 싶을 때에도 맥박 수를 세어 보면 됩니다. 건강한 사람에게 적당한 강도의 운동은 최고 맥박 수의 70~80% 정도가 됐을 때입니다. 최고 맥박 수는 220에서 자신의 나이를 뺀 숫자고요. 예를 들면, 50세인 사람의 최고 맥박 수는 170번이고, 거기에 70~80% 정도인 약 120번 정도 맥박이 뛸 때까지 운동을 하면 적당하겠네요.

건강한 사람은 운동 후에도 빨리 원래의 맥박으로 돌아오기 때문에 운동 후 맥박을 측정함으로써 자신의 운동 회복률을 확인할 수도 있어요. 원래의 맥박으로 돌아오는 데 오랜 시간이 걸린다는 건 그만큼 건강이 좋지 않다는 뜻이기도 합니다.

한 학생이 아는 척하며 말했다.

__그럼 축구 선수들은 맥박 수의 변화가 크겠군요?

계속해서 운동을 하는 축구 선수들은 연습 효과로 인해, 한 번에 심장에서 나가는 혈액의 양이 다른 사람보다 많습니다. 그래서 일반인들보다 더 빨리 뛰어도 맥박 수가 그다지 높지 않아서, 더 많이 뛰고 오래 운동을 하더라도 쉽게 숨이 차지 않지요.

자, 이제 제자리 뛰기를 하고 있는 친구가 지치기 전에 실험을 해 봅시다.

여기에 있는 끈으로 이 친구의 팔뚝을 묶겠습니다. 이때 가능한 한 세게 묶어야 하는데, 그 이유는 동맥이 피부 깊숙한 곳에 있기 때문이죠. 심한 운동을 한 후라 지금은 맥박이 아주 세게 뛰고 있습니다. 묶은 팔뚝의 아래쪽에서 맥박이 느껴지는지 여러분 중 1명이 나와서 확인해 보세요. 우선 팔뚝 위쪽에 있는 큰 동맥인 목의 경동맥에 손을 얹어 정상적으로 맥박이 뛰는지를 확인한 후, 팔뚝 아래쪽의 손목 동맥에 손을 얹어 확인해 보세요.

＿와! 이상해요. 목에서는 맥박이 크게 느껴지는데 손목에서는 맥박이 전혀 느껴지지 않아요.

묶은 팔뚝의 위쪽(심장) 동맥은 어떻게 됐나요?

＿어, 원래는 동맥이 보이지 않았는데 팔뚝 위로 어떤 혈

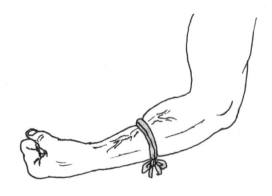

관이 부풀어 오른 것 같아요.

묶은 팔뚝의 아래쪽(손목)은 어떻게 변했나요? 반대편의 묶지 않은 쪽도 만져 본 후 비교해서 말해 보세요.

__손이 창백하게 변하고 점점 차가워져요. 계속 이렇게 묶고 있어도 괜찮을까요?

너무 오랜 시간 동안 피가 통하지 않으면 산소를 공급 받지 못한 세포들이 하나, 둘씩 죽을 수 있어요. 묶은 끈을 조금 느슨하게 해 봅시다.

실험 대상인 학생이 괴로운 표정을 지었다.

__약간 간지러운 느낌이 들어요. 쥐가 났을 때처럼 저리기도 해요. 손이 붉어지면서 따뜻해지는데요?

묶은 끈을 느슨하게 하면 깊숙한 곳의 동맥은 조여진 부분이 조금 풀어지고 피부 바깥쪽의 정맥에서만 피가 흐르지 못하게 됩니다. 어떤 일이 벌어지는지 살펴봅시다.

__별로 큰 변화는 없는데요?

정맥은 동맥 근처의 깊숙한 곳에도 있기 때문에 동맥을 막았을 때처럼 확실하지는 않지만 피부 바깥의 정맥을 자세히 보면 아까 동맥을 막았을 때와는 반대로 손목 쪽 정맥이 약간 부풀어 오릅니다. 반대편으로 심장을 향해 돌아가는 쪽의 혈관이 점점 가늘어지면서 피가 적게 흐르고 있는 것을 느낄 수 있습니다. 동맥을 묶자 흐르지 못했던 피가 느슨하게 풀어주자 손 쪽으로 흘러들어 와서 아직도 풀어지지 않은 정맥으로 스며들었다는 것을 의미합니다.

결국 피가 동맥을 통해 몸의 끝부분으로 갔다가 정맥을 통해 심장으로 다시 돌아오고 있다는 것을 증명하는 실험입니다. 하지만 자세히 관찰하지 않으면 잘 모르고 넘어가는 경우도 많습니다.

한 학생이 심드렁한 표정으로 말했다.

__애개, 겨우 이거예요? 이런 설명만으로 다른 사람들을 설득할 수 있다는 건가요?

하비가 쓴웃음을 지으며 말했다.

아무래도 이제부터는 여러분을 실험 대상으로 하기에는 조금 복잡하고 위험한 실험이 될 것 같군요.

지금부터는 내가 직접 실험 대상이 되어 보겠습니다. 동맥

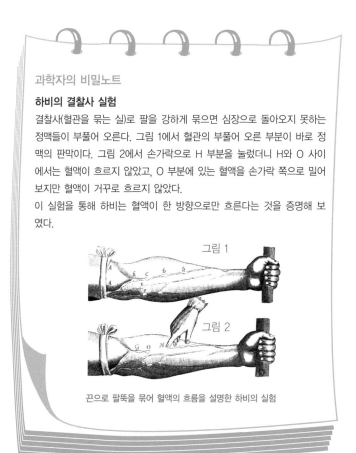
과 정맥을 묶는 실험만으로도 어느 정도는 혈액이 순환하고 있다는 사실이 이해됐겠지만 좀 더 확실하게 다른 의사들을 설득하기 위해서는 개인적인 희생이 따르는 실험도 필요하니까요.

하비가 아주 날카로운 철사를 들었다.

내가 들고 있는 이 철사는 혈관에 들어갈 수 있을 정도로 가늘지요? 또 혈관에 들어가도 아무런 이상이 없도록 소독을 깨끗이 했습니다.

자, 이 철사를 내 정맥에 넣어 보도록 하겠습니다. 여러분들은 함부로 따라 하면 절대 안 됩니다. 우선 팔목의 정맥에서는 심장 쪽으로만 피가 흐르고 있다는 것을 확인해 보도록 하겠습니다. 나의 정맥으로 철사가 들어가고 있는 게 보이죠?

학생들은 하비의 희생적인 실험에 놀란 표정을 지은 채 숨죽여 철사를 보았다.

자, 이제는 반대 방향으로도 철사가 들어가는지 봅시다. 내가 직접 넣으면 속임수처럼 생각할 수도 있으니 아까 실험을 도와줬던 친구가 다시 한 번 나를 도와 실험에 참여해 주세요.

자, 준비됐죠. 정맥에 우선 철사를 넣는 것까지는 됐으니 철사를 안쪽으로 조금씩 넣어 보십시오. 철사를 넣을 수 있나요?

　__어, 철사가 더 이상 안 들어가요. 진짜 이상하네요?

　정맥에는 혈액이 반대로 흐르는 것을 막기 위한 판막이 있습니다. 판막은 한쪽 방향으로만 열리는 문처럼 생겼기 때문에 억지로 철사를 계속 넣으면 정맥 속의 판막에 손상을 입히게 됩니다. 따라서 이 실험을 통해 동맥이 심장에서 온몸 쪽 한 방향으로 흐른다면, 동맥을 통해 온몸으로 간 혈액은 다시 심장 쪽 한 방향으로 흐르고 있다는 것을 확인할 수 있습니다.

　__선생님께서는 그럼 직접 철사를 넣어 본 후에 이런 사실을 발견하신 건가요?

　아뇨, 그렇지 않아요. 이 실험을 여러분 앞에서 보여 준 것은 내가 그만큼 혈액 순환에 대해 확신이 있었기 때문입니다. 뱀이나 개 등의 실험을 통해 이미 확인할 수 있었기 때문에 이렇게까지 할 수 있는 거죠. 혈액 순환 이론에 대해 심하게 비판하던 사람들도 이 실험을 보여 주면 내 이론에 반박할 방법을 찾지 못하더군요. 그 시대에 통용되고 있는 주장과 다른 이론을 발표할 때에는 그 시대의 모든 사람들을 설득하기에 충분한 이론 및 실험적 증거가 필요하고, 그 증거를 더욱 확신에 찬 자세로 설명해 나가야 합니다.

__정말 이렇게 직접 보여 주면 선생님의 이론이 틀렸다고
말하는 사람은 없었을 것 같네요.

　그렇지 않아요. 직접 보여 준 이후에도 사람들은 여전히 날
비난하고 비웃었죠.

　__그렇다면 선생님의 이론에 대해 끝까지 반대하는 사람
들에게 어떻게 하셨나요?

하비의 주장에 대한 반대 의견과 그 결과

　혈액 순환 이론에 대한 실험과 증명을 계속하자 주변 사람
들은 나를 '서큘레이터(circulator)'라고 부르기 시작했습니다.
서큘레이터라는 말은 '액체의 순환 장치'라는 뜻을 갖고 있는
단어로, 혈액 순환을 주장한 내게 걸맞은 별명이 생겼다고도
생각할 수 있지만, 그 말의 원래 뜻에는 '돌팔이 의사'나 '사
기꾼'이라는 의미도 포함되어 있는 만큼, 그 별명은 비웃기
위해 만들어진 것이었습니다.

　사람들은 나를 자신이 만든 상상과 이론 속에 푹 빠져 사는
미친 의사로 보았으며 대다수의 내과 의사들이 내 의견에 반
대하고 있었습니다.

학생들이 화난 표정으로 외쳤다.

__ 선생님도 똑같이 이상한 별명을 붙여 주셨어야 해요.

__ 모두 '바보'라고 불러 주세요.

글쎄요, 그런 비난 따위는 사실 그다지 중요하지 않았답니다. 내가 꽤 인정 받는 의사이자 왕의 주치의로 일하긴 했지만 그럼에도 불구하고 나는 늘 생명의 위협을 느끼며 살았어요. 내가 살던 시대에는 그다지 중요하지 않은 몇 가지 오해 때문에 화형을 당하는 사람이 많았거든요.

지동설에 대한 논쟁을 하던 이탈리아의 철학자 브루노(Giordano Bruno, 1548~1600)는 1600년에 화형을 당해 죽었고, 갈릴레이도 종교 재판에서 거의 죽을 뻔했으니까요. 또, 세르베투스가 폐순환에 대한 얘기를 책으로 남겼다가 죽임을 당한 지도 얼마 안 되었기 때문에 나는 허리에 단검을 차고 다녀야 할 지경이었어요. 사람들이 날 언제 화형에 처할지 모른다는 생각 때문에 쉽게 화를 내고 예민해져 있었죠. 그런 상황에서 우스운 별명 정도는 크게 신경 쓸 일이 아니었어요.

나는 누군가를 공격하는 그들의 악마와 같은 본성을 그저 즐기게 내버려 두었습니다. 일일이 대답하며 싸움에 끼어든다는 것은 더 많은 적을 만들 뿐이었으니까요. 그렇다고 해서 내 이론을 취소하지는 않았습니다. 그저 그들이 나중에라도 진실을 알고 자신들이 내뱉은 말을 스스로 부끄럽게 생각하고 지칠 때까지 기다릴 뿐이었죠. 오히려 나는 그들을 완벽하게 설득하기 위해 실험에 더욱 열중할 수 있었어요.

그때 만약 현미경이 조금 더 발달해서 모세 혈관을 발견할 수만 있었다면 혈액 순환 이론은 더욱 완벽해졌을 테지만, 동맥과 정맥을 연결하는 모세 혈관의 존재를 깨닫지 못한 만큼 어느 정도의 비난은 당연하다고 생각합니다.

심지어 어떤 사람은 내가 20년 넘게 쌓아 온 이론과 그 증거들을 단 2주일 정도면 모두 반박할 수 있다고 장담했죠. 하지만 나는 우선 그런 비웃음과 조롱에 대해 귀를 닫고 의사와 과학자로서의 일에만 전념했습니다.

＿선생님께서는 동물 실험을 많이 하셨는데 의사로서 그런 실험의 결과를 사람에게 적용해 보신 적도 있나요?

아니오. 아무리 나의 의학적 이론이 맞고 확인을 했다고 해도 사람에게 함부로 적용해서는 안 된다고 생각해요. 내가 만약 나의 이론을 가지고 누군가를 색다르게 치료하려고 했다면 아마 그 과정에서 이미 죽임을 당했을 겁니다. 과학적 견해는 충분히 도전적이고 진보적이며 시대의 생각과 다르게 표현할 수 있지만, 사람의 생명을 다루는 의사들은 그 치료에 있어 좀 더 신중하고 보수적이 될 필요가 있습니다. 이론과 상관없이 당시 나는 왕실을 비롯한 여러 곳에서 인정받는 의사였으니까요.

의학에서는 파도바 대학이 가장 뛰어난 대학이었던 만큼 나는 영국으로 돌아와 1623년부터 왕실의 주치의가 됐습니다. 그리고 1627년에 새롭게 왕이 된 찰스 1세도 나를 주치의로 임명했죠. 물론 그는 잘못된 통치로 인해 처형당할 때까지 건강했기 때문에 진료가 필요한 경우는 거의 없었습니다. 그럼에도 불구하고 나는 왕의 측근 자격으로 항상 여행에 함께했습니다.

영국 역사에서 찰스 1세를 어떻게 평가하는지와는 관계없이 나는 개인적으로 그를 무척 좋아했습니다. 왕도 내 마음을 알았는지 생물의 신체 기관 연구를 위해 왕실 정원의 사슴을 마음대로 사용할 수 있게 하는 등 많은 도움을 주었지요.

왕은 내가 해부를 통해 얻은 결과와 과학 이론에 대해 이야기하면 매우 흥미로워했고, 함께 토론하는 것도 무척 즐거워했습니다. 물론 그 때문에 왕이 죽은 후에는 정치적 죄인으로 취급받아서 형제들의 집을 전전하는 신세가 되기도 했죠. 그래도 나는 연구를 멈추지 않고 계속했습니다. 지속적인 관찰과 연구는 내 이론을 더욱 탄탄하게 만들어 주는 바탕이 되니까요.

＿저번에 설명하신 방법보다 더 확실한 증거가 어디 있나요? 그렇게까지 하셨는데 못 믿는 사람들은 모두 바보예요.

글쎄요, 나는 갈레노스의 의학 책으로 공부한 사람으로서 그들이 내 이론에 대해 부족하게 여기는 부분이 무엇인지 알고 있습니다.

＿그게 뭔가요?

사람들은 동맥과 정맥 사이의 모세 혈관에 대해서 구체적인 지식이 없었기 때문에 마치 동맥에서 피가 흐르다가 온몸의 어디에선가 갑자기 피가 사라지는 것처럼 생각했어요. 정맥으로 피가 돌아오는 과정도 보이지 않았기 때문에 간과 같은 인체의 한 부분에서 계속 혈액을 만들어 공급하고 있다고 생각할 수밖에 없었죠. 또, 피가 우심실에서 좌심실로 바로 가지 않고 폐를 통과한다면, 왜 통과해야 하는지 그 이유도 명확히 알 수 없었고요.

18세기에 들어서 산소에 대해 어느 정도 이해하게 될 때까지 우리는 순환과 호흡과의 관련성을 제대로 찾을 수 없었어요. 순환 기관과 소화 기관 사이의 관계도 잘 몰랐고요. 내가 열심히 연구하긴 했지만 그렇게 되는 이유에 대해 설명하지 못했기 때문에 사람들은 내 이론을 쉽게 믿지 못한 거죠.

＿사람들이 전혀 믿어 주지 않아서 괴롭거나 섭섭하지는 않으셨나요?

물론 괴롭고 섭섭했죠. 가끔은 아주 많이 외롭다고 느꼈고요. 하지만 사람들은 새로운 이론이 나타났을 때 항상 반기며 기뻐하지는 않아요. 새로운 이론을 세우기까지의 노력에 대해 격려하고 기뻐해 주는 사람도 있지만, 대부분의 사람은 자신이 알고 있는 것과 다르다는 것에 기분 나빠하죠. 어떤 사람은 새로운 이론을 만들었다는 사실에 심하게 질투하면서 말도 안 되는 공격을 하기도 한답니다.

＿시대와 다른 주장을 하는 과학자들은 정말 불행해지나 봐요. 갈릴레이나 코페르니쿠스처럼 말이에요.

그렇지 않아요. 자신의 새로운 학설을 증명하기 위해 열심히 노력하면 그만큼 큰 보람이 생겨요. 나는 그 어떤 과학자보다 행복하다고 생각해요. 처음에는 모든 의사들이 나의 생각에 반대했고, 나의 주장에서 틀린 점을 찾지 못한 의사들은 시기하고 질투하여 과학적 주장과 관계없는 비난을 하기도 했지만, 서서히 내 의견이 사회에 받아들여졌으니까요.

여러 이론이 부딪치면서 많은 사람들이 죽어 갔지만 그 야단법석 속에서 20~30년이 지나자 마침내 전 세계 대학들이 내 의견을 받아들이기 시작했어요. 나는 아마도 살아생전에 자신이 주장한 원리가 세상에 받아들여지는 것을 본 유일한 사람일 겁니다.

물론 그전에 나의 실험과 이론이 영국에서는 어느 정도 인정을 받았습니다. 가끔 동료 의사들과 의견이 다르다는 점이 문제가 되기도 했지만 한 번도 큰 문제로 불거진 적은 없었습니다. 싸움을 만들어서 그 안에서 괴로워하는 것보다는 시간이 흘러 받아들여지기를 기다렸던 거죠.

나중에 시대가 조금씩 변하고, 내가 71세가 됐을 때 나는 작은 책을 통해 여러 사람들의 비판에 답변했습니다. 1628년에 《동물의 심장과 혈액의 운동에 관한 해부학적 연구》를 출간한 지 21년이 지난 후였죠.

새로운 이론을 주장할 때 필요한 것은 연구를 계속하는 끈기와 주변의 비난에 담담히 대처하며 기다리는 인내심인 것 같습니다.

내 이론에 반대하며 어리석은 비난을 했던 사람들이 아직까지 살아 있다면 무슨 말을 할지 정말 궁금합니다.

6

다양한 **생물**들의 **혈액 순환**

인체 해부는 조심스럽고 위험한 실험 과정으로, 해부를 위해서는
다른 동물들의 구조에 대한 연구가 선행되어야 합니다.
다양한 생물들의 혈액 순환 과정을 알아봅시다.

6

여섯 번째 수업

다양한 생물들의
혈액 순환

하비가 혈액 순환을
이해하기 위한 실험을 해 보자며
여섯 번째 수업을 시작했다.

　혈액 순환 이론을 증명하기 위해서는 인체 해부보다는 오
히려 동물 해부가 도움이 됩니다. 마음이 괴롭고 조금 잔인
하기는 하지만 동물의 경우에는 살아 있는 상태에서도 어느
정도 해부가 가능하기 때문이죠. 오늘은 혈액 순환을 이해하
는 데 도움이 되는 2가지 실험을 함께 해 보죠.

학생들의 눈이 반짝이며 술렁거렸다.

＿＿ 살아 있는 동물을 직접 해부하나요?

＿ 혈액이 순환하는 모습을 직접 볼 수 있나요?

혈액이 순환하는 모든 과정을 한눈에 보기는 힘들지만 여러 관찰 결과를 종합해 보면 혈액 순환 전체 과정을 이해할 수 있을 겁니다. 보통 때에는 심장의 박동이 매우 빠르기 때문에 심장의 박동에 의해 혈액이 동맥으로 이동하는 것을 보기가 힘들죠. 하지만 동물이 늙어서 죽을 때가 가까워지면 심장의 운동이 느려집니다. 따라서 이런 상태의 동물들을 이용해서 실험하면 관찰이 훨씬 쉽습니다.

개방 혈관계 동물과 폐쇄 혈관계 동물

한 학생이 호기심 어린 눈빛으로 손을 들고 질문했다.

＿바퀴벌레 같은 곤충은 죽여도 피가 나지 않는데 그런 동물들도 심장이 있나요?

물론 심장은 있습니다. 이러한 동물들을 개방 혈관계 동물이라고 부르며 심장에서 나온 혈액은 동맥에서 동맥지로 흘러들어가나 그 끝인 모세 혈관이 정맥과 연결돼 있지 않아서 근육 조직 속으로 직접 들어갑니다.

또 심장이 수축하여 피를 내보내면 세포를 적시면서 영양분과 산소를 공급하고, 다시 심장의 흡인력을 통하여 원래대로 돌아오는 시스템을 가지고 있죠. 개방 혈관계를 가진 동물은 산소와 영양분을 공급받기 위해 모든 세포가 피에 담겨져 있습니다.

그에 비해 개나 돼지, 사람처럼 혈액이 혈관을 통해 이동하는 동물은 폐쇄 혈관계 동물이라고 부릅니다. 사람과 같은 척추동물, 지렁이 같은 환형동물은 혈액이 혈관 안에서만 존재하며, 얇은 모세 혈관을 통하여 온몸의 세포에 영양분을 전달하죠.

개방 혈관계 동물들은 특별한 혈관이 없어 혈액의 이동과 흐름을 관찰하기가 어렵지만, 폐쇄 혈관계 동물은 일정한 혈관을 통해 혈액이 흐르기 때문에 자세히 살펴보면 혈액의 이동 과정을 눈으로 확인할 수 있습니다.

개구리와 금붕어 해부 실험

오늘 우리가 실험할 동물들은 모두 폐쇄 혈관계의 동물들입니다.

__아주 큰 동물이면 우리가 어떻게 해부를 하죠?

우리는 비교적 주변에서 쉽게 구할 수 있고, 해부나 관찰이 쉬운 개구리와 금붕어를 가지고 실험할 생각입니다. 먼저 개구리의 몸을 해부해서 심장의 구조와 허파 순환 경로를 확인하고 금붕어의 꼬리에 있는 모세 혈관을 관찰함으로써 동맥과 정맥을 연결, 한쪽 방향으로 혈액이 흐르는 모습을 살펴보려 합니다.

한 학생이 걱정스러운 표정을 지으며 물었다.

__살아 있는 상태로 실험하나요?

심장에서 혈액이 혈관으로 나가는 모습을 관찰하기 위해서는 살아 있는 상태로 해부해야 합니다.

__해부하는 도중에 몸을 움직이면 어떻게 하죠? 저희 중한 사람이 개구리를 붙들고 있어야 하나요?

작은 생물이니만큼 그냥 손으로 누르고 있어도 되지만 해부되는 동물의 입장에서 보면 매우 잔인한 일입니다. 가능하면 고통이 적은 상태에서 해부와 관찰이 끝날 수 있도록 '에테르'라는 물질로 약하게 마취를 시킨 후에 해부합시다.

예전에는 사람들이 수술을 할 때 에테르를 사용했지만, 지금은 좋은 마취약이 많이 개발되어 사람에게는 잘 사용하지 않습니다. 하지만 동물에게는 아직도 많이 사용하는데, 공기 중으로 쉽게 날아가는 성질이 있기 때문에 마취를 잘못해 에 테르 냄새를 너무 많이 맡으면 해부하는 사람도 마취되어 어지러움을 느낄 수 있습니다.

에테르를 이용해 마취를 시킬 때는 가능하면 밀폐가 잘되는 긴 모양의 병에 개구리와 에테르가 묻은 솜을 넣고 약 5분 정도 있으면 됩니다. 마취를 시킬 때에는 창문을 열어서 환기가 잘되도록 해야 하고 말이죠.

첫 번째 수업에서도 말한 것처럼 실험은 그렇게 우아하고 깨끗한 작업이 아닙니다. 몸에 안 좋은 물질을 많이 다루고 약품이 지저분하게 묻기도 하죠. 특히 마취는 결코 쉬운 일이 아닙니다. 때문에 의사 중에는 마취만을 전문으로 담당하는 의사가 따로 있을 정도랍니다.

학생들이 코를 막으며 얼굴을 찌푸렸다.

__선생님! 어디선가 이상한 냄새가 나요.

네, 그럴 겁니다. 지금 여러분 뒤쪽으로 마취된 개구리가 놓여 있기 때문이죠. 내가 병의 입구를 단단히 막아 놓았지만 에테르가 조금씩 확산되어 여기까지 에테르 분자가 날아왔네요. 조금 후에는 마취된 개구리를 꺼내기 위해 병뚜껑을 열어야 하니까 에테르를 너무 많이 들이마시지 않도록 마스크로 입을 가려 주세요.

이제 마취된 개구리를 여러분의 책상 위에 하나씩 놓아 주겠습니다.

지난 시간에 해부 가위를 사용한 적도 있고, 심장 해부를 훌륭하게 해낸 만큼 오늘도 잘할 거라고 믿습니다. 왼손으로 핀셋을 쥐고 오른손으로 해부 가위를 잡은 다음, 핀셋으로 해부할 개구리의 복부 피부를 들어서 살짝 흠집을 내주세요. 그 틈으로 해부 가위의 넓은 쪽을 넣고 배의 피부를 세로로 길게 잘라 주면 됩니다. 개구리는 갈비뼈가 없어서 복부만 길게 잘라 주면 심장이 뛰는 모습을 쉽게 관찰할 수 있죠. 세로로 자른 후에는 그림에 표시된 방향을 따라 양옆으로 벌리면서 가로로 다시 잘라 주면 됩니다.

잘라진 피부 근육을 핀으로 살짝 집어 벌어진 상태로 관찰할 수 있도록 고정시켜 주세요. 사람은 심장이 가슴에서 약간 왼쪽으로 치우쳐 있지만 개구리의 경우에는 가슴의 정중앙에서 뛰고 있는 모습이 보일 겁니다. 심장이 어떻게 움직이고 있나요?

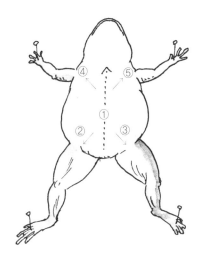

　＿심장의 일부분이 약간 팽창하며 튀는 듯이 보여요.

　＿심장이 콩닥콩닥 박자에 맞춰 움직이고 있는 것 같아요.

　개구리 심장은 작은 편이기 때문에 아주 자세한 구조까지 살펴볼 수는 없지만 심장의 박동과 박동을 통한 혈액의 분출을 볼 수 있습니다.

　＿심장 양옆으로 커다랗게 부풀어 오른 것은 뭔가요?

　그것은 개구리의 폐입니다. 개구리 폐는 아주 얇은 막으로 되어 있어서 풍선처럼 보입니다.

　＿풍선 같은 폐의 표면에 많은 실핏줄이 보여요. 하지만 혈액이 흐르는 모습 자체는 보이지 않는데요?

　혈액이 혈관을 흐르는 모습을 맨눈으로 관찰하기는 어려워요. 여러분 옆에 놓인 현미경의 재물대 위에 해부하고 있는 개구리를 얹어 놓고 물갈퀴 쪽의 얇은 막을 살펴보세요. 동맥이나 정맥처럼 피부 깊숙이 묻혀 있는 혈관에서 피가 흐르는 모습은 혈액의 분출을 통해 예상할 수 있지만, 혈관을 흐르는 혈액 자체를 보고 싶다면 피부 바깥으로 얇게 드러난 작은 모세 혈관을 보는 것이 더 좋습니다. 개구리를 현미경 위에 놓기 힘든 학생들은 수조에 있는 금붕어의 꼬리지느러미를 관찰해도 좋습니다.

─앗, 차가워! 금붕어를 담아 둔 물이 너무 차가워요.

금붕어가 너무 많이 움직이면 관찰하기 어렵기 때문에 움직임을 느리게 하기 위해 차가운 물속에 담아 놓았습니다. 이렇게 하면 금붕어의 혈관을 흐르는 혈액의 속도가 조금 느려지기 때문에 혈액의 흐름을 관찰하기도 편리하죠.

100배로 확대하여 관찰하면 모세 혈관이 그물처럼 퍼져 있는 것을 확인할 수 있고, 400배로 확대하여 관찰할 때는 적혈구의 흐름을 선명하게 볼 수 있어요. 꼬리지느러미의 끝부분에서는 머리에서 꼬리 쪽으로 혈액이 흐르는 혈관과 그 반대 방향으로 혈액이 흐르는 혈관을 구분하기가 쉽고, 혈액의 흐름 방향이 바뀌는 부분에서 혈액이 아주 천천히 흐르므로 혈구의 생김새를 자세하게 관찰할 수 있습니다. 언뜻 보아도

혈관에서 피가 한 방향으로만 흐르고 있다는 것을 확인할 수
있어요.

　　우리 몸속에 피가 없거나 순환하지 않는다면 어떻게 되
나요?

　오늘은 실험을 하느라 정리할 게 많으니 혈액 순환이 왜 필
요한지에 대해서는 다음 시간에 자세히 공부합시다.

이상하네.

뭐 하고 있나요?

하비 선생님, 바퀴벌레 같은 곤충은 죽여도 피가 나지 않는데 그런 동물에게도 심장이 있나요?

물론 바퀴벌레도 심장은 있습니다. 이런 동물을 개방 혈관계 동물이라고 하지요.

개방 혈관계 동물이요?

네. 개방 혈관계 동물은 모세 혈관이 정맥과 연결돼 있지 않아서 혈액이 근육 조직 속으로 들어갑니다.

개방 혈관계 동물

또한 개방 혈관계 동물은 산소와 영양분을 공급받기 위해 모든 세포가 피에 담겨져 있어요.

신기해요. 그럼 사람의 경우는 어떤가요?

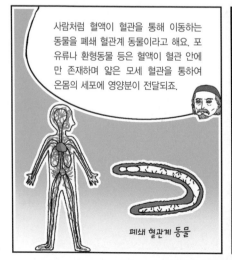

사람처럼 혈액이 혈관을 통해 이동하는 동물을 폐쇄 혈관계 동물이라고 해요. 포유류나 환형동물 등은 혈액이 혈관 안에만 존재하며 얇은 모세 혈관을 통하여 온몸의 세포에 영양분이 전달되죠.

폐쇄 혈관계 동물

따라서 개방 혈관계 동물은 혈관이 없어 혈액의 흐름을 관찰하기가 어렵지만, 폐쇄 혈관계 동물은 혈관이 있어 혈액의 이동 과정을 눈으로 확인할 수 있습니다.

그렇군요.

혈액 순환이 필요한 이유

혈액 순환이 제대로 이루어지지 않는다면 우리는 어떻게 될까요?
혈액 순환이 필요한 이유에 대해 알아봅시다.

7

마지막 수업

혈액 순환이
필요한 이유

하비의 마지막 수업은
운동장에서 진행되었다.

오늘은 운동장에서 함께 게임을 해 봅시다. 나는 이 놀이를 '모자 나르기'라고 부릅니다. 빨간 모자는 우리 몸에서 필요로 하는 산소를 뜻하고, 파란 모자는 우리 몸의 세포에서 에너지를 만들어 생긴 이산화탄소를 의미합니다.

먼저 여기 있는 학생을 두 그룹으로 나누겠습니다. 한 조는 심장과 뇌 사이를 돌고, 한 조는 심장과 다리 사이를 계속 왔다갔다해 주세요. 이때 '뇌'와 '다리' 같은 신체 기관들은 혈액 속의 산소를 소모하고 이산화탄소를 내놓습니다. 즉, 자신이 가지고 있는 빨간 모자를 뇌와 다리에 벗어 두고 뇌와 다리

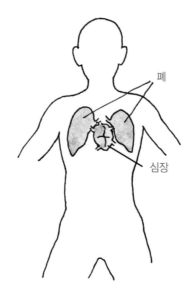

폐

심장

쪽에 놓여 있는 파란 모자를 쓰고 와야 합니다.

＿그럼, 몸속에 파란 모자만 많아질 텐데요?

파란 모자를 쓰고 심장으로 돌아온 친구들은 폐로 가서 다시 빨간 모자로 바꿔 쓰면 됩니다.

바깥에는 빨간 모자가 아주 많이 있습니다. 이 빨간 모자는 폐를 통해서만 몸 안으로 들어갈 수 있습니다. 몸 안으로 들어간 빨간 모자는 혈액을 타고 온몸으로 운반되죠.

자, 말만 하지 말고 다 함께 뛰어 봅시다.

학생들이 모자를 열심히 바꿔 쓰며 운동장을 뛰어다닙니다.

헥, 헥! 너무 힘들어요. 우리 몸에서 이런 일이 끊임없이 일어날 수 있다니 대단한 것 같아요. 움직임도 복잡하고요. 혈액은 왜 이렇게 복잡한 경로를 순환해야 하나요?

체순환과 폐순환

　혈액의 순환 경로는 크게 체순환과 폐순환으로 구분됩니다. 체순환은 좌심실의 수축에 의해 대동맥으로 밀려나간 동맥혈이 동맥을 거쳐 온몸의 모세 혈관으로 나가 조직 세포에 산소와 영양분을 공급하고 이산화탄소와 노폐물을 받아 정맥혈이 되어 다시 우심방으로 돌아오기까지의 길입니다.

　여러분들이 다리나 뇌에 가서 빨간 모자를 벗고 파란 모자를 쓴 후, 다시 심장으로 돌아오기까지의 과정이 바로 체순환입니다.

좌심실 → 대동맥 → 온몸의 모세 혈관 → 대정맥 → 우심방

　폐순환은 체순환을 마치고 우심방에서 우심실로 들어온 정맥혈이 우심실의 수축에 의해서 폐동맥으로 나간 다음, 폐에

서 산소와 이산화탄소의 교환이 이루어져서 동맥혈이 되어 폐정맥을 통해 다시 좌심방으로 돌아오기까지의 경로입니다. 따라서 여러분이 파란 모자를 벗고 다시 빨간 모자로 바꿔 쓰기 위해서는 반드시 폐로 가야 합니다.

우심실 → 폐동맥 → 폐 → 폐정맥 → 좌심방

빨간 모자를 쓰고 있던 여러분과 같이 산소를 운반하는 피를 우리는 동맥혈이라고 부릅니다. 그에 비해 온몸의 각 기관에서 이산화탄소를 받은 피를 정맥혈이라고 하는데, 파란 모자를 쓰고 있던 학생들이 모두 정맥혈입니다.

__동맥에 흐르는 피가 동맥혈이고, 정맥에 흐르는 피가 정맥혈 아닌가요?

그렇지 않습니다. 동맥혈과 정맥혈을 구분하는 기준은 산소를 포함한 정도이지 흐르고 있는 혈관을 뜻하지는 않습니다. 굳이 혈관을 연결시킨다면 동맥혈은 우리 몸의 대동맥을, 정맥혈은 우리 몸의 대정맥을 지난다고 할 수 있죠.

이때 빨간 모자를 쓴 학생과 파란 모자를 쓴 학생이 모두 심장에서 만나게 되는데 다른 모자를 쓴 학생들이 서로 섞이면 안 되겠죠? 그래서 심장에는 여러 개의 방이 있어요. 그래야만 혈액이 심장에서 섞이지 않고 효과적으로 산소와 이산화탄소를 운반할 수 있죠.

좌, 우심실의 중간 벽이 완전히 막히지 않은 파충류와 같은 경우에는 동맥혈과 정맥혈이 심장에서 일부 뒤섞임으로 인해 사람의 심장에 비해 비효율적인 순환이 일어납니다.

하지만 어떤 사람은 심장에 이상이 있어서 좌, 우심실의 중간 벽이 막혀 있지 않는 경우가 있어요. 이런 사람은 산소와 이산화탄소를 운반하는 효율이 낮기 때문에 심한 운동을 하거나 갑작스럽게 뛰면 빈혈 등으로 쓰러지게 됩니다. 신체의 기관으로 운반되는 혈액 속에 산소가 적기 때문에 입술 같이 얇게 드러나는 피부가 파랗게 보이기도 하죠.

또는 심장에서 피의 역류를 막아 주는 판막에 이상이 있는 경우도 있어요. 태어날 때부터 이러한 판막의 기능이 불완전하면 조직 세포에 충분한 양의 산소 및 영양분을 공급하지 못하게 됩니다. 이와 같은 심장 기능 이상을 선천성 심장 판막증이라고 하는데, 이것은 수술에 의해서만 완벽하게 치료할 수 있어요. 수술을 하지 않으면 평생을 불편하게 살다가 일찍 죽게 되는 경우도 많지요.

혈액은 우리 몸의 세포와 모두 만나지 않고 혈관이라는 정해진 통로로만 이동하는데, 이러한 통로도 역할에 따라서 동맥, 정맥, 그리고 모세 혈관으로 나뉩니다.

이 중 내부 환경과의 물질 교환을 담당하고 있는 모세 혈관이 혈관 길이의 대부분을 차지하죠. 비록 눈에는 잘 보이지 않지만 말입니다. 지름이 작고, 속도가 매우 느리며 혈압은 낮지만 총 면적과 길이만큼은 다른 혈관에 비해 압도적입니다. 세포 하나하나와 만나지 않고도 영양분과 산소를 공급해야 한다면 굵고 짧은 것보다는 가늘고 긴 혈관이 훨씬 더 효율적이기 때문이죠. 만약 온몸에 뻗어 있는 모든 혈관들을 한 줄로 잇는다면 지구를 3바퀴나 돌 수 있다고 하니 엄청나죠?

심장에서 나온 혈액은 뇌, 간, 허파(폐), 피부 등 우리 몸 곳곳에 산소와 영양분을 공급합니다. 산소와 영양분은 인체 각 부위가 제 기능을 할 수 있게 하는 에너지원이 되죠.

밥을 먹으면 위와 장은 혈액이 공급한 산소와 영양분으로 운동 에너지를 만들고, 이 에너지로 활발히 움직여 음식물을 소화시킵니다. 그런데 음식물을 모두 소화시키려면 위와 장에 있는 혈액만으로는 모자랍니다. 따라서 인체의 다른 부위로 들어가는 혈액 중 일부가 위와 장으로 들어옵니다.

예를 들어 뇌로 들어가는 혈액을 조금 나눠 위와 장으로 보내면 실제 뇌로 가는 혈액의 양은 보통 때보다 줄어듭니다. 뇌의 혈액량이 줄면 산소와 영양분이 부족해져 뇌가 활발한 활동을 못하기 때문에 밥을 먹고 나면 더 많이 졸리게 됩니다.

즉, 혈관은 우리 몸속에서 마치 도로와 같은 역할을 해서 몸의 각 기관에 필요한 물질들이 잘 운반되도록 도와줍니다. 혈액은 그 도로를 달리고 있는 트럭처럼 여러 물질을 직접 날라다 주고요.

큰 눈이나 비, 지진 등으로 도로가 파괴되면 어느 한 지역으로 필요한 물품들이 들어가지 못하고 마을 사람들이 고립되어 위험한 상태에 처할 수 있는 것처럼, 우리 몸의 혈관이 막혀서 혈액이 잘 지나가지 못하게 되면 우리 몸의 각 기관은 제대로 기능을 하지 못해 결국 썩게 됩니다.

혈액이 순환한다는 것은 우리 몸이 필요로 하는 물질을 제때에 사용하고 노폐물을 버리는 등 기본적인 생명 활동이 일어나게 하는 첫 번째 조건이지요. 늙는다는 건 어떻게 보면 심장과 혈관들이 탄력을 잃고 둔해지는 것이 아닐까요?

즉, 심장은 우리 몸속의 태양입니다. 우리에게 삶의 에너지와 필요한 모든 것이 전해지는 원천이 되기도 하죠.

어렵고 복잡했지만 나는 심장을 연구하고 이를 통해 혈액 순환의 경로를 밝혀냈다는 것을 자랑스럽게 생각합니다. 비록 모든 사람에게 인정받기까지 힘든 일도 많았지만 그 과정 자체도 내게는 영광의 순간으로 느껴지는군요.

실험 동물학의 위대한 주역
하비 William Harvey, 1578~1657

영국의 의사인 하비는 혈액 순환의 본질과 심장의 펌프 작용을 분명히 밝힌 것으로 명성을 얻었습니다.

하비는 영국에서 출생하였으며, 의사 자격 시험을 거쳐 런던 왕립의사협회의 회원이 되었습니다. 1609년 초, 하비는 세인트 바솔로뮤 병원에 근무하게 되었습니다. 그는 크롬웰 당에 의해 1643년에 면직될 때까지 34년 동안 그 자리를 지켰고, 그 기간 동안 의사와 과학자로서 정점에 이르렀습니다.

1628년에《동물의 심장과 혈액의 운동에 관한 해부학적 연구》를 출간하였는데, 이 책은 심장의 박동을 원동력으로 하여 혈액이 순환한다는 학설을 담고 있었습니다. 이러한 혈액 순환에 대한 비정통적인 견해 때문에 환자 진료에 어려움을 겪었지만, 하비는 영국 최고 수준의 의사로 인정받았습니다.

하비의 해부학 및 생리학에 대한 견해는 진보적이었고, 연구 방법이 과학적이었지만 치료법은 보수적이었습니다. 그는 실험 동물학의 위대한 주역이었지만 그것을 임상에 응용하지는 않았습니다.

1623년에 제임스 1세에 이어, 1626년에 새로 왕이 된 찰스 1세도 하비를 주치의로 임명했습니다. 찰스 1세는 처형당할 때까지 건강했기 때문에 하비의 진료가 필요한 경우가 거의 없었습니다. 그럼에도 불구하고 하비는 왕의 측근으로 항상 여행에 동반했습니다. 왕은 왕실 정원의 사슴을 연구 활동에 마음대로 사용하게 하는 등 하비의 과학적 연구를 도왔으며, 하비도 과학적으로 흥미로운 것들로 왕을 즐겁게 했습니다.

크롬웰이 통치하던 말년에는 찰스 1세와의 오랜 교분 때문에 정치적 죄인으로 취급받아 형제들의 집을 전전하는 신세가 되어 더 이상 과학 연구를 하지 않았고, 1657년에 생을 마감했습니다.

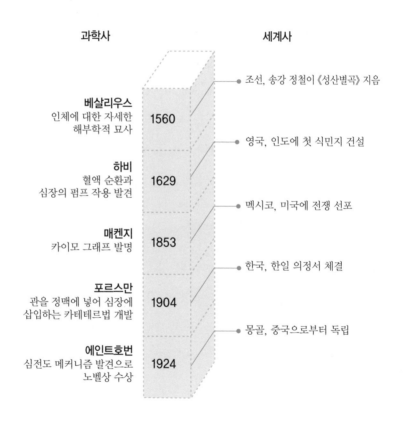

과 학 연 대 표
언제, 무슨 일이?

과학사   세계사

베살리우스
인체에 대한 자세한
해부학적 묘사   **1560**

● 조선, 송강 정철이 《성산별곡》 지음

● 영국, 인도에 첫 식민지 건설

하비
혈액 순환과
심장의 펌프 작용 발견   **1629**

● 멕시코, 미국에 전쟁 선포

매켄지
카이모 그래프 발명   **1853**

● 한국, 한일 의정서 체결

포르스만
관을 정맥에 넣어 심장에
삽입하는 카테테르법 개발   **1904**

● 몽골, 중국으로부터 독립

에인트호번
심전도 메커니즘 발견으로
노벨상 수상   **1924**

1. 동맥과 정맥을 연결하는 혈관으로, 우리 몸 구석구석에 분포되어 있는 것은 ☐☐ ☐☐ 입니다.

2. 심장에서 피가 반대 방향으로 들어오는 것을 막는 것은 ☐☐ 입니다.

3. 1543년에 출간된 《인체의 구조에 대하여》라는 책을 쓴 사람은 ☐☐ ☐☐☐ 입니다.

4. 하비는 ☐☐ ☐☐ 을 원동력으로 하여 혈액이 순환한다는 이론을 발표하였습니다.

5. 적당한 강도로 운동하고 있는지를 알고 싶을 때에는 ☐☐ 수를 세어 보면 됩니다.

6. 좌심실–대동맥–모세 혈관–대정맥–우심방으로 이어지는 순환을 ☐☐ ☐ 이라고 합니다.

7. 우심실–폐동맥–폐–폐정맥–좌심방으로 이어지는 순환을 ☐☐☐ 이라고 합니다.

1. 모세 혈관 2. 판막 3. 베살리우스 4. 심장 박동 5. 맥박 6. 체순환 7. 폐순환

현대의 질병,
심혈관을 예방하라

　최근 햄버거와 피자 등의 패스트푸드를 즐겨 찾는 서구식 식생활이 보편화되면서 성인병이 증가하고 있어 심각한 의학적 · 사회적 문제로 대두되고 있습니다. 성인병은 유전적 요인, 운동 부족, 환경 오염, 스트레스 등이 복합적으로 영향을 미치지만 가장 중요한 요소로 지적되는 것이 식습관입니다.

　우리나라는 쌀, 콩 등 식물성 식품을 주식으로 섭취하는 채식주의 문화를 가지고 있어 성인병의 발병률이 낮았습니다. 하지만 소득의 증가와 더불어 외식 문화의 발달, 육류 및 유류의 소비 증가 등 서구식 식생활에 익숙해지면서 성인병 발병률이 급속하게 증가하고 있습니다.

　동물성 식품을 통한 콜레스테롤과 포화 지방산의 과도한 섭취는 동맥 경화증, 고지혈증과 같은 심혈관 질환을 유발합니다. 또한 국내 사망 원인 가운데 심혈관 질환이 높은 순위를 차지하고 있는 만큼 이를 예방하기 위해서는 평소 동물성 식품의 섭취량을 줄이고 필수 지방산, 피토스테롤, 레시틴 등이 풍부한 식물성 식품을 섭취하는 습관이 중요합니다.

필수 지방산은 몸에 꼭 필요하지만 체내에서 합성되지 않거나 합성되는 양이 부족하여 식사를 통해 섭취되어야 하는 지방산입니다. 필수 지방산이 결핍되면 각종 질환을 발생시키기 때문에 충분한 양의 섭취가 필요합니다. 이러한 필수 지방산은 동물성 식품에는 적게 함유되어 있으며 식물성 기름, 특히 대두에 다량 함유되어 있습니다.

대두는 필수 지방산, 레시틴, 스테롤 등을 풍부하게 함유하고 있을 뿐만 아니라 성인병의 주범인 콜레스테롤이 없고 포화 지방산 함량도 적습니다. 특히, 대두의 필수 지방산은 혈중 지질을 낮추는 효과가 있어 심혈관 질환을 예방하고 치료하는 데 유용하게 사용될 수 있습니다. 따라서 심혈관 질환을 예방하기 위해서 필수 지방산, 피토스테롤, 레시틴 등이 풍부한 식물성 식품, 특히 대두를 섭취하는 식습관을 갖는 것이 매우 중요합니다.

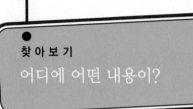

찾 아 보 기

어디에 어떤 내용이?